Allaoua Boumediene

Méthodes Numériques Appliquées

Allaoua Boumediene

Méthodes Numériques Appliquées

Cours, exercices corrigés et mise en œuvre en MATLAB

Noor Publishing

Imprint
Any brand names and product names mentioned in this book are subject to trademark, brand or patent protection and are trademarks or registered trademarks of their respective holders. The use of brand names, product names, common names, trade names, product descriptions etc. even without a particular marking in this work is in no way to be construed to mean that such names may be regarded as unrestricted in respect of trademark and brand protection legislation and could thus be used by anyone.

Cover image: www.ingimage.com

Publisher:
Noor Publishing
is a trademark of
International Book Market Service Ltd., member of OmniScriptum Publishing Group
17 Meldrum Street, Beau Bassin 71504, Mauritius

Printed at: see last page
ISBN: 978-620-2-35480-6

ANALYSE NUMÉRIQUES APPLIQUÉES

Cours, exercices corrigés et mise en œuvre en MATLAB

Chapitre 2 : Résolution de l'équation non linéaire f(x) = 0

Chapitre 3 : Résolution d'un Système d'Équations Linéaires

Chapitre 4 : Interpolation polynômiale

Chapitre 5 : Intégration Numérique

Chapitre 6 : Calcul Numérique des Valeurs Propres

Introduction générale

Cet ouvrage s'adresse aux étudiants en Master technique ou en formation ingénierie. Le but de ce travail était de présenter aux étudiants quelques notions théoriques de base concernant les méthodes numériques permettant de résoudre effectivement de tels problèmes. C'est pour cette raison qu'une part importante du cours est consacrée à la mise en place d'un certain nombre de techniques fondamentales de l'analyse numérique : interpolation polynomiale, intégration numérique, résolution d'un système d'équations linéaires ou non linéaires à une et plusieurs variables. Son objectif est de donner au lecteur un outil lui permettant de travailler de manière autonome à l'aide de questions détaillées et progressives, et d'une construction pas à pas des programmes.

Ce choix de faire de la théorie avant de commencer la programmation est indispensable pour appréhender les notions d'analyse numérique mais aussi pour améliorer ses capacités de programmeur ; la programmation demande un peu d'âme. Cette préparation ne dispense pas d'une réflexion sur la manière de programmer une méthode. À cette fin, les exemples en MATLAB proposent une programmation sous forme résumer. À chaque question, le programme précédent est amélioré et complété. Les résultats intermédiaires sont donnés pour valider cette programmation par morceaux. Dans chaque chapitre, les solutions complètes et les programmes sont systématiquement donnés.

Le premier chapitre rappelle les commandes utiles de MATLAB et initiation au langage pour gérer des tableaux et les commandes élémentaires. Il s'agit donc de savoir utiliser au mieux les tableaux et de s'initier aux premières commandes du graphisme. Ces commandes nécessaires sont insuffisantes pour progresser dans la programmation et il ne faut pas hésiter à consulter fréquemment l'aide de MATLAB.

La résolution de l'équation non linéaire f(x)=0 est montrée dans le deuxième chapitre par les méthodes les plus utilisées. La programmation et l'application de ces méthodes avec MATLAB est installé à la fin du chaque chapitre.

Le troisième chapitre est abordé la notion des méthodes de résolution de système d'équations linéaires. Néanmoins les quelques méthodes proposés peuvent servir de base.

Le chapitre 4 est consacré à l'interpolation ou comment faire passer une courbe par des données mesurées. Les réponses sont données par l'interpolant de Lagrange, Vandermonde et le polynôme de Newton.

Le cinquième et le sixième chapitre présentent le calcul numérique de : l'intégrale et les valeurs propres.

Le chapitre 7 est consacré à la résolution d'un système d'équations non linéaires.

Enfin, dans le dernier chapitre, on trouvera la résolution d'équations différentielles.

1.1. Introduction et Historique

MATLAB est une abréviation de MATrix LABoratory. Écrit à l'origine, en Fortran, par C++. Moler, MATLAB était destiné à faciliter l'accès au logiciel matriciel développé dans les projets LINPACK et EISPACK. La version actuelle, écrite en C par de compagnie mondiale « MathWorks ». (pour consultation voir le site web http://www.mathworks.com/), existe en version professionnelle et en version étudiant. Sa disponibilité est assurée sur plusieurs plateformes : Sun, Bull, HP, IBM, compatibles PC (DOS, Unix ou Windows), Macintoch, iMac et plusieurs machines parallèles **[1, 2]**.

MATLAB est un environnement puissant, complet et facile à utiliser destiné au calcul scientifique. Il apporte aux ingénieurs, chercheurs et à tout scientifique un système interactif intégrant calcul numérique et visualisation. C'est un environnement performant, ouvert et programmable qui permet de remarquables gains de productivité et de créativité **[3]**.

MATLAB est un environnement complet, ouvert et extensible pour le calcul et la visualisation. Il dispose de plusieurs centaines (voire milliers, selon les versions et les modules optionnels autour du noyau MATLAB) de fonctions mathématiques, scientifiques et techniques **[3, 4]**. L'approche matricielle de MATLAB permet de traiter les données sans aucune limitation de taille et de réaliser des calculs numériques et symboliques de façon fiable et rapide. Grâce aux fonctions graphiques de MATLAB, il devient très facile de modifier interactivement les différents paramètres des graphiques pour les adapter selon nos souhaits **[4]**.

L'approche ouverte de MATLAB permet de construire un outil sur mesure. On peut inspecter le code source et les algorithmes des bibliothèques de fonctions (Toolboxes), modifier des fonctions existantes et ajouter d'autres.

MATLAB possède son propre langage, intuitif et naturel qui permet des gains de temps de CPU spectaculaires par rapport à des langages comme le C, le TurboPascal et le Fortran. Avec MATLAB, on peut faire des liaisons de façon dynamique, à des programmes C ou Fortran, échanger des données avec d'autres applications ou utiliser MATLAB comme moteur d'analyse et de visualisation **[3]**.

MATLAB comprend aussi un ensemble d'outils spécifiques à des domaines, appelés Toolboxes (ou Boîtes à Outils). Indispensables à la plupart des utilisateurs, les Boîtes à Outils sont des collections de fonctions qui étendent l'environnement MATLAB pour résoudre des catégories spécifiques de problèmes. Les domaines couverts sont très variés et comprennent notamment le traitement du signal, l'automatique, l'identification de systèmes, les réseaux de neurones, la logique floue, le calcul de structure, les statistiques, etc **[1, 5]**.

MATLAB fait également partie d'un ensemble d'outils intégrés dédiés au Traitement du Signal.

En complément du noyau de calcul MATLAB, l'environnement comprend des modules optionnels qui sont parfaitement intégrés à l'ensemble **[5]**:

1. Une vaste gamme de bibliothèques de fonctions spécialisées (Toolboxes);
2. Simulink, un environnement puissant de modélisation basée sur les schémas-blocs et de simulation de systèmes dynamiques linéaires et non linéaires ;

3. Des bibliothèques de blocs Simulink spécialisés (Blocksets) ;

4. D'autres modules dont un Compilateur, un générateur de code C, un accélérateur,... ;

5. Un ensemble d'outils intégrés dédiés au Traitement du Signal : le DSP Workshop.

- Quelles sont les particularités de MATLAB ?

MATLAB permet le travail interactif soit en mode commande, soit en mode programmation ; tout en ayant toujours la possibilité de faire des visualisations graphiques. Considéré comme un des meilleurs langages de programmations (C ou Fortran), MATLAB possède les particularités suivantes par rapport à ces langages :

- la programmation facile,
- la continuité parmi les valeurs entières, réelles et complexes,
- la gamme étendue des nombres et leurs précisions,
- la bibliothèque mathématique très compréhensive,
- l'outil graphique qui inclut les fonctions d'interface graphique et les utilitaires,
- la possibilité de liaison avec les autres langages classiques de programmations (C ou Fortran).

Dans MATLAB, aucune déclaration n'est à effectuer sur les nombres. En effet, il n'existe pas de distinction entre les nombres entiers, les nombres réels, les nombres complexes et la simple ou double précision. Cette caractéristique rend le mode de programmation très facile et très rapide **[6, 7]**.

En Fortran par exemple, une subroutine est presque nécessaire pour chaque variable simple ou double précision, entière, réelle ou complexe. Dans MATLAB, aucune nécessité n'est demandée pour la séparation de ces variables **[8]**.

La bibliothèque des fonctions mathématiques dans MATLAB donne des analyses mathématiques très simples. En effet, l'utilisateur peut exécuter dans le mode commande n'importe quelle fonction mathématique se trouvant dans la bibliothèque sans avoir à recourir à la programmation **[9]**.

Pour l'interface graphique, des représentations scientifiques et même artistiques des objets peuvent être créées sur l'écran en utilisant les expressions mathématiques. Les graphiques sur MATLAB sont simples et attirent l'attention des utilisateurs, vu les possibilités importantes offertes par ce logiciel **[4]**.

- MATLAB peut-il s'en passer de la nécessité de Fortran ou du C ?

La réponse est non. En effet, le Fortran ou le C sont des langages importants pour les calculs de haute performance qui nécessitent une grande mémoire et un temps de calcul très long. Sans compilateur, les calculs sur MATLAB sont relativement lents par rapport au Fortran ou au C si les programmes comportent des boucles. Il est donc conseillé d'éviter les boucles, surtout si celles-ci est grande **[2, 5]**.

1.2. Démarrage de MATLAB

1.2.1. L'accès MATLAB

Pour lancer l'exécution de MATLAB, cliquer deux fois sur l'icône MATLAB **[2, 3]**. Le caractère '>>' signifie que MATLAB attend une instruction (syntaxe).

Pour lancer l'exécution de MATLAB :

- ✓ sous Windows, il faut cliquer sur Démarrage, ensuite Programme, ensuite MATLAB,
- ✓ sous d'autres systèmes, se référer au manuel d'installation.

L'invite '>>' de MATLAB doit alors apparaître, à la suite duquel on entrera les commandes.
La fonction "exit" permet de quitter MATLAB :

>> exit

1.2.2. Fenêtres

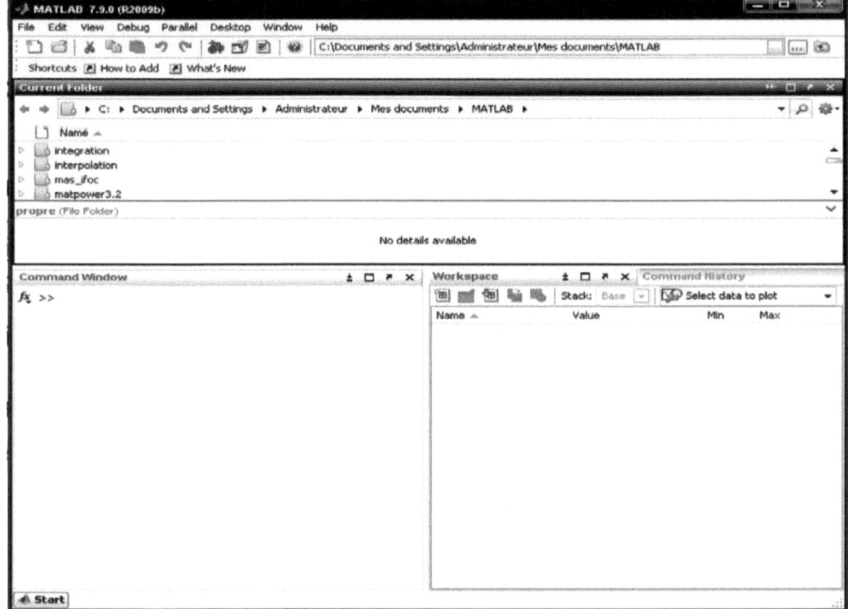

- ✓ <u>Command Window</u>

L'une des plus importantes fenêtres de MATLAB, la Command Window traite des instructions données. Les résultats s'afficheront dès le retour de ligne.
On peut éviter de retaper une instruction en pesant sur la flèche vers le haut (↑), ce qui affichera l'instruction précédente. Continuez à peser ↑ jusqu'à l'instruction recherchée.

- ✓ <u>Workspace</u>

La fenêtre nommée Workspace permet de visualiser les variables mises en mémoire. On y retrouve leur nom, leurs dimensions ainsi que le type de variable. MATLAB étant basé sur les matrices, toutes les variables sont constituées de plusieurs dimensions : un scalaire est une matrice 1×1 et un vecteur est une matrice 1×n ou n×1, etc. Il est possible d'effacer certaines variables ainsi que de les éditer. Pour toutes les effacer, utilisez la commande Clear Workspace dans le menu Edit.

✓ Current Folder

Le Current Folder est le répertoire courant où sont enregistrés les fichiers-M.

✓ Command History

Le Command History inscrit les commandes au fur et à mesure qu'elles sont appelées dans le Command Window. Elle garde en mémoire ces commandes, ainsi que la date et l'heure d'ouverture de chacune des sessions de MATLAB **[3]**.

1.2.3. Démonstrations et l'aide dans MATLAB

Pour des démonstrations pas à pas sur l'environnement de MATLAB, ouvrez MATLAB, puis entrez demo dans la fenêtre de commande **[2]**.
Une aide interactive est disponible pour toutes les commandes MATLAB. Pour obtenir la liste des commandes reprises dans cette aide, exécuter la commande help Pour obtenir l'aide relative à une commande, exécuter help commande. Par exemple 'help abs' fournit la description de la fonction abs (valeur absolue).
La commande "help" permet de donner l'aide sur un problème donné, par exemple (la fonction *Cosinus*):

```
>> help cos

COS(X) is the cosine of the elements of X.
```

help → donne de l'aide sur une fonction.
which → localise fonctions et fichiers.
what → liste des fichiers MATLAB dans le répertoire courant.
exist → check si une fonction ou une variable existe dans le workspace.
who,whos → liste des variables contenues dans le workspace.
clear all → détruit toutes les variables de l'espace de travail.

intro	lance une introduction à MATLAB.
help	produit une liste de toutes les commandes par thèmes.
demos	démonstration donnant une représentation des fonctionnalités de bases de MATLAB.
info	information sur la boite à outils disponibles.
helpwin	ouvre une fenêtre contenant la liste des commandes MATLAB ainsi que leurs documentations.
help	donne la liste de toutes les commandes par thèmes.
Help *nom*	décrit la fonction *nom.m*

1.3. Commandes générales

1.3.1. Gestion des fichiers

Vous pouvez utiliser la petite fenêtre en haut à droite, ou à défaut :

pwd	affiche le nom du répertoire courant pour MATLAB.
cd *rep*	change le répertoire courant pour MATLAB qui devient *rep.*
dir	fournit le catalogue d'un répertoire.
delete	efface des fichiers ou des objets graphiques.

1.3.2. Calculs élémentaires

Dans la partie commandes de l'interface :

\>> 5+8
Résultat : >> 13
Pour conserver le résultat, il faut l'assigner dans un objet :
\>> a=5+8
\>> a
Pour ne pas faire afficher le résultat, mettez « ; » à la fin de la commande :
\>> a=5+8;

1.3.3. Constantes prédéfinies

pi	3.1415...
eps	2.2204e-016
Inf	nombre infini
NaN	Pas de solution, exprime parfois une indétermination

1.3.4. Historique

MATLAB conserve l'historique des commandes. Il est donc possible de récupérer des instructions déjà saisies (et ensuite de les modifier dans le but de les réutiliser) :
↑, ↓, ←, → permet de se déplacer dans les lignes de commandes tapées dans la fenêtre de commandes

1.3.5. Variables d'environnement

MATLAB garde en mémoire les variables qui ont été créées. On les voit en haut, à gauche, lorsque MATLAB dispose d'une interface graphique. Sinon, on peut les afficher et les effacer par la ligne de commande :

who	donne la liste des variables présentes dans l'espace de travail
whos	donne la liste des variables présentes dans l'espace de travail ainsi que leurs propriétés
what	donne la liste des fichiers .m et .mat présents dans le répertoire courant
clear	efface toutes les variables crées dans l'espace de travail
ans	réponse retournée après exécution d'une commande.

1.4. Types de données MATLAB

MATLAB traite un seul1 type d'objet: *les matrices* !. Les scalaires sont des matrices 1×1, les vecteurs lignes des matrices $1\times n$. les vecteurs colonnes des matrices $n\times 1$ **[2, 3]**.

Les trois principaux types de variables utilisés par MATLAB sont les types réels, complexe et chaîne de caractères. Il n'y a pas de type entier à proprement parler. Le type logique est associé au résultat de certaines fonctions. Signalons qu'il est inutile (impossible) de déclarer le type d'une variable. Ce type est établi automatiquement à partir des valeurs affectées à la variable. Par exemple les instructions x = 2 ; z = 2+i ; rep = 'oui' ; définissent une variable x de type réel, une variable z de type complexe et une variable rep de type chaîne de caractères.

```
>> clear
>> x = 2; z = 2+i; rep = 'oui';
>> whos

        Name  Size  Bytes  Class
        rep   1x3   6      char array
        x     1x1   8      double array
        z     1x1   16     double array (complex)
```

1.4.1. Le type complexe

L'unité imaginaire est désignée par i ou j. Les nombres complexes peuvent être écrits sous forme cartésienne a+ib. Les différentes écritures possibles sont a+ib, a+i*b, a+b*i, a+bi et r*exp(it) ou r*exp(i*t) avec a, b, r et t des variables de type réel. Les commandes imag, real, abs, angle permettent de passer aisément de la forme polaire à la forme cartésienne et réciproquement. Si z est de type complexe, les instructions imag(z) et real(z) retournent la partie imaginaire et la partie réelle de z. Les instructions abs(z) et angle(z) retournent le module et l'argument de z.

On fera attention au fait que les identificateurs i et j ne sont pas réservés. Aussi il est possible que des variables de noms i et j aient été redéfinies au cours d'un calcul antérieur et soient toujours actives.

```
>> z = [1+i, 2, 3i]
z =
        1.0000 + 1.0000i 2.0000 0 + 3.0000i

>> y = [1+i, 2, 3 i]
y =
        1.0000 + 1.0000i 2.0000 3.0000 0 + 1.0000i
```

1.4.2. Le type chaîne de caractères

Une chaîne de caractères est un tableau de caractères. Une donnée de type chaîne de caractères (char) est représentée sous la forme d'une suite de caractères encadrée d'apostrophes simples ('). Une variable de type chaîne de caractères étant interprétée comme un tableau de caractères, il est possible de manipuler chaque lettre de la chaîne en faisant référence à sa position dans la chaîne. L'exemple suivant présente différentes manipulations d'une chaîne de caractères.

```
>> ch1 = 'bon'
ch1 =
        bon
>> ch2 = 'jour'
ch2 =
        jour
>> whos
        Name  Size  Bytes  Class
        ch1   1x3   6      char array
        ch2   1x4   8      char array
>> ch = [ch1,ch2]
ans =
        bonjour
>> ch(1), ch(7), ch(1:3)
ans =
        b
ans =
        r
ans =
        bon
>> ch3 = 'soi';
>> ch = [ch(1:3), ch3, ch(7)]
ans =
        bonsoir
```

Si une chaîne de caractères doit contenir le caractère apostrophe (') celui-ci doit être doublé dans la chaîne (ainsi pour affecter le caractère apostrophe (') à une variable on devra écrire '''', soit 4 apostrophes). La chaîne de caractères vide s'obtient par deux apostrophes ''.

```
>> rep = 'aujourd'hui'
??? rep = 'aujourd'hui
                       |
Missing operator, comma, or semi-colon.

>> rep = 'aujourd''hui'
rep =
        aujourd'hui
>> apos = ''''
apos =
        '
```

1.4.3. Le type logique

Le type logique (logical) possède deux formes : 0 pour faux et 1 pour vrai. Un résultat de type logique est retourné par certaines fonctions ou dans le cas de certains tests. Dans l'exemple qui suit on considère une variable x contenant la valeur 123 et une variable y définie par l'expression mathématique y = exp(log(x)). On teste si les variables x et y contiennent les mêmes valeurs. La variable tst est une variable de type logique qui vaut 1 (vrai) les valeurs sont égales et 0 (faux) sinon. Suivant la valeur de tst, on affiche la phrase x est egal a y ou la phrase x est different de y. Dans l'exemple proposé, compte-tenu des erreurs d'arrondis lors du calcul de exp(log(123)), la valeur de la variable y ne vaut pas exactement 123. On pourra également considérer le cas où x = 12.

```
>> x = 123; y = exp(log(x));
>> tst = ( x==y );

>> if tst, disp('x est egal a y '), else disp('x est different de y '), end x est different de y

>> whos

    Name  Size   Bytes  Class
      tst   1x1    8     double array (logical)
      x     1x1    8     double array
      y     1x1    8     double array

>> format long
>> x, y, tst
x =
        123
y =
        1.229999999999999e+02
tst =
        0
```

1.5. Les vecteurs

1.5.1. Définir un vecteur

On définit un vecteur ligne en donnant la liste de ses éléments entre crochets ([ ]). Les éléments sont séparés au choix par des espaces ou par des virgules. On définit un vecteur colonne en donnant la liste de ses éléments séparés au choix par des points virgules (;) ou par des retours chariots (touche Entrée/Enter). On peut transformer un vecteur ligne x en un vecteur colonne et réciproquement en tapant x' (' est le symbole de transposition) **[1, 2, 3]**.
Il est inutile de définir la longueur d'un vecteur au préalable. Cette longueur sera établie automatiquement à partir de l'expression mathématique définissant le vecteur ou à partir des données. On peut obtenir la longueur d'un vecteur donné grâce à la commande length.

Un vecteur peut également être défini « par blocs » selon la même syntaxe. Si par exemple x1, x2 et x3 sont trois vecteurs (on note x1, x2 et x3 les variables MATLAB correspondantes), on définit le vecteur X = (x1 | x2 | x3) par l'instruction X = [x1 x2 x3].

```
>> x1 = [1 2 3], x2 = [4,5,6,7], x3 = [8; 9; 10]
x1 =
        1 2 3
x2 =
        4 5 6 7
x3 =
        8
        9
        10
>> length(x2), length(x3)
```

```
ans =
        4
ans =
        3
>> x3'
ans =
        8 9 10
>> X = [x1 x2 x3']
X =
        1 2 3 4 5 6 7 8 9 10
```

Les éléments d'un vecteur peuvent être manipulés grâce à leur indice dans le tableau. Le kème élément du vecteur x est désignée par x(k). Le premier élément d'un vecteur a obligatoirement pour indice 1.

Reprenons l'exemple précédent.

```
>> X(5)
ans =
        5
>> X(4:10)
ans =
        4 5 6 7 8 9 10
>> X(2:2:10)
ans =
        2 4 6 8 10
>> K = [1 3 4 6]; X(K)
ans =
        1 3 4 6
```

Il est très facile de définir un vecteur dont les composantes forment une suite arithmétique. Pour définir un vecteur x dont les composantes forment une suite arithmétique de raison h, de premier terme a et de dernier terme b, on écrira x = a:h:b.

```
>> x = 1.1:0.1:1.9
x =
        Columns 1 through 7
        1.1000 1.2000 1.3000 1.4000 1.5000 1.6000 1.7000

        Columns 8 through 9
        1.8000 1.9000
>> x = 1.1:0.2:2
x =
        1.1000 1.3000 1.5000 1.7000 1.9000
```

1.5.2. Vecteurs spéciaux

Les commandes ones, zeros et rand permettent de définir des vecteurs dont les éléments ont respectivement pour valeurs 0, 1 et des nombres générés de manière aléatoire.

ones(1,n)   vecteur ligne de longueur n dont tous les éléments valent 1.

ones(m,1) vecteur colonne de longueur m dont tous les éléments valent 1.
zeros(1,n) vecteur ligne de longueur n dont tous les éléments valent 0.
zeros(m,1) vecteur colonne de longueur m dont tous les éléments valent 0.
rand(1,n) vecteur ligne de longueur n dont les éléments sont générés de manière aléatoire entre 0 et 1.
rand(m,1) vecteur colonne de longueur m dont les éléments sont générés de manière aléatoire entre 0 et 1.

1.5.3. Opérations vectorielles

n:m	nombres de n à m par pas de 1
n:p:m	nombres de n à m par pas de p
linspace(n,m,p)	p nombres de n à m
lenght(x)	longueur de x
x(i)	i-éme coordonnée de x
x(i1:i2)	coordonnées i1 à i2 de x
x(i1:i2)=[]	supprimer les coordonnées i1 à i2 de x
[x,y]	concaténer les vecteurs x et y
x*y'	produit scalaire des vecteurs lignes x et y
x'*y	produit scalaire des vecteurs colonnes x et y

1.5.4. Création rapide d'un vecteur

Certaines commandes permettent de créer plus rapidement des vecteurs précis :

```
> l1=1:10 (Un vecteur contenant les entiers de 1 à 10)
> l2=1:1:10
> l3=10:-1:1
> l4=1:0.3:pi
> l1(2)=l3(3)
> l4(3:5)=[1,2,3]
> l4(3:5) = []
> l5 = linspace(i,5,5)
> help linspace
> who
> whos
> clear l1 l2 l3 l5
> who
> clc (efface te contenu de la fenêtre de commande)
> clear
```

- **Remarque** : Une ligne de commande commençant par le caractère « % » n'est pas exécutée par MATLAB. Cela permet d'insérer des lignes de commentaires.

1.6. Matrices et tableaux

MATLAB ne fait pas de différence entre les Matrices et tableaux. Le concept de tableau est important car il est à la base du graphique : typiquement pour une courbe de « n » points, on définira un tableau de « n » abscisses et un tableau de « n » ordonnées. Mais on peut aussi définir des tableaux rectangulaires à deux indices pour définir des matrices au sens mathématique du terme, puis effectuer des opérations sur ces matrices **[3, 4]**.

On utilise les crochets [et] pour définir le début et la fin de la matrice. Ainsi pour définir une variable A contenant la matrice : $A = \begin{bmatrix} 1 & 3 \\ 4 & 2 \end{bmatrix}$

on écrira : A = [1 3 ; 4 2].

D'une façon générale, on définit une matrice en donnant la liste de ses éléments entre crochets. Signalons que MATLAB admet d'autres façons d'écrire les matrices. Les éléments d'une ligne de la matrice peuvent être séparés au choix par un blanc ou bien par une virgule (,). Les lignes quant à elles peuvent être séparées au choix par le point-virgule (;) ou par un retour chariot. Par exemple, on peut aussi écrire la matrice A de la manière suivante :

```
>> A = [1,3;4,2]
A =
        1 3
        4 2
>> A = [1 3
         4 2]
A =
        1 3
        4 2
>> A = [1,3
         4,2]
A =
        1 3
        4 2
```

Un élément d'une matrice est référencé par ses numéros de ligne et de colonne. A(i,j) désigne le ième élément ligne de la jème élément colonne de la matrice A. Ainsi A(2,1) désigne le premier élément de la deuxième ligne de A,

```
>> A(2,1)
ans =
     4
```

La commande size permet d'obtenir les dimensions d'une matrice A donnée.

```
>> size(A)
```

1.6.1. Opérations sur les Tableaux (Matrices)

1.6.1.1. Addition et soustraction

Les deux opérateurs sont les mêmes que pour les scalaires. A partir du moment où les deux tableaux concernés ont la même taille, Le tableau résultant est obtenu en ajoutant ou soustrayant les termes de chaque tableau.

1.6.1.2. Multiplication, division et puissance terme à terme

Ces opérateurs sont notés .*, ./ et .^ (attention à ne pas oublier le point). Ils sont prévus pour effectuer des opérations termes à terme sur deux tableau de même taille. Ces symboles sont fondamentaux lorsque l'on veut tracer des courbes.

1.6.1.3. Multiplication, division et puissance au sens matriciel

Puisque l'on peut manipuler des matrices, il parait intéressant de disposer d'une multiplication matricielle. Celle-ci se note simplement * et ne doit pas être confondu avec la multiplication terme à terme. Il va de soi que si l'on écrit A*B le nombre de colonnes de A doit être égal au nombre de lignes de B pour que la multiplication fonctionne.
La division a un sens vis-à-vis des inverses de matrices. Ainsi A/B représente A multiplié (au sens des matrices) à la matrice inverse de B.

1.6.1.4. Transposition

L'opérateur transposition est le caractère «' » et est souvent utilisé pour transformer des vecteurs lignes en vecteurs colonnes et inversement.

1.6.2. Matrices spéciales

zeros(m,n)	matrice nulle de taille m, n
ones(m,n)	matrice de taille m, n dont tous les coefficients valent 1
eye(n)	matrice identité de taille n
diag(x)	matrice diagonale dont la diagonale est le vecteur x
magie(n)	matrice carré magique de taille n

1.6.3. Manipulations sur les Matrice

Matrice (début : fin, début : fin) — ligne (début : fin), colonne (début : fin)

size(A)	Nombre de lignes et colonnes de A
A(i,j)	Coefficient d'ordre i , j de A
A (i1:i2 , :)	Lignes i1 à i2 de A
A (i1:i2 , :)=[]	Supprimer les lignes il à i2 de A
A (: , j1:j2)	Colonnes j1 à j2 de À
A (: , j1:j2)=[]	Supprimer les colonnes j1 à j2 de A
A (:)	Concaténer les vecteurs colonnes de A
diag(A)	Coefficients diagonaux de A
flipud(A)	Retournez en haut-bas
fliplr(A)	Retournez droit-gauche
rot90(A,2)	2 rotations de 90 degrés
reshape(A,1,9)	Change la forme de la matrice
triu(A)	Extrait le triangle supérieur de A
tril(A)	Extrait le triangle inférieur de A
A'	Transposée de A
inv(A)	Inverse de A
expm(A)	Exponentielle de A
det(A)	Déterminant de A
trace(A)	Trace de A
polyCA)	Polynôme caractéristique de A
eig(A)	Valeurs propres de A
[U,D]=eig(A)	Vecteurs propres et valeurs propres de A
+ -	Addition, soustraction
* ^	Multiplication, puissance (matricielles)
. * . ^	Multiplication, puissance ternie à terme
A\b	Solution de : Ax= b
b/A	Solution de : xA =b
./	Division terme à terme

- Entrez la matrice : >> A=[1 2 3 ; 2 3 1 ; 3 1 2]

Quels sont les résultats des commandes suivantes ?

```
>> A([2 3] , [1 3])
>> A([2 3] , 1:2)
>> A([2 3] , :)
>> A([2 3],end)
>> A(:)
```

1.7. Les polynômes

Sous MATLAB le polynôme de degré n, $p(x) = a_n x^n + a_{n-1} x^{n-1} + \ldots + a_1 x^1 + a_0$ est défini par un vecteur p de dimension n+1 contenant les coefficients {ai}i=0,...,n rangés dans l'ordre décroissant des indices **[2, 3]**.

La commande polyval permet d'évaluer le polynôme p (la fonction polynômiale) en des points donnés. La syntaxe est polyval(p,x) où x est une valeur numérique ou un vecteur. Dans le second cas on obtient un vecteur contenant les valeurs de la fonction polynômiale aux différents points spécifiés dans le vecteur x. Utilisée avec la commande fplot, la commande polyval permet de tracer le graphe de la fonction polynômiale sur un intervalle [xmin, xmax] donné.

La syntaxe de l'instruction est :

fplot('polyval([a_n, ..., a_0] , x)' , [x_min , x max]).

Voici par exemple comment définir le polynôme $p(x) = x^2-1$. Tracer le graphe de la fonction polynômiale.

```
>> p = [1, 0, -1];
>> polyval(p,0)
ans =
        -1
>> polyval(p,[-2,-1,0,1,2])
ans =
        3 0 -1 0 3
>> fplot('polyval([1, 0, -1] , x)' , [-3,3]), grid
```

On obtient les racines du polynôme p grâce à l'instruction roots(p).

```
>> r = roots(p)
r =
        -1.0000
         1.0000
>> poly(r)
ans =
         1.0000 0.0000 -1.0000
```

Les polynômes sont gérés, sous MATLAB, par des vecteurs de coefficients dans l'ordre décroissant.

Aussi le polynôme : $x^5 + 2x^4 - x^2 - x + 1$

est-il représenté sous MATLAB par le vecteur [1 2 0 -1 -1 1]. Prenons la variable x :

x = -5 :0.01 :5 ;

puis taper :

```
polyval(p,x)
polyder(p)
polyder(p,x)
```

- Quelle est l'utilité des fonctions polyval et polyder ?

1.8. Opérateurs relationnels, logiques et mathématiques

Operateurs relationnels <, <=, >=, == (égalité), ~= (différent)
Opérateurs logiques & (et), | (ou), ~ ou not (non)

- **Remarque** : Attention de ne pas confondre = qui sert à affecter une valeur à une variable et == qui sert à tester l'égalité.

1.9. Fonctions MATLAB

sum(x)	somme des éléments du vecteur x.
prod(x)	produit des éléments du vecteur x.
max(x)	plus grand élément du vecteur x.
min(x)	plus petit élément du vecteur x.
mean(x)	moyenne des éléments du vecteur x.
sort(x)	ordonne les éléments du vecteur x par ordre croissant.
fliplr(x)	renverse l'ordre des éléments du vecteur x.
cross	produit vectoriel.
dot	produit scalaire.

- Les fonctions mathématiques incorporées sont :

log(x)	logarithme népérien de x,
log10(x)	logarithme en base 10 de x,
exp(x)	exponentielle de x,
sqrt(x)	racine carrée de x (s'obtient aussi par x.^0.5),
abs(x)	valeur absolue de x,
sign(x)	valant 1 si x est strictement positif, 0 si x est nul et -1 si x est strictement négatif.

- Les fonctions d'arrondis sont :

round(x)	entier le plus proche de x,
floor(x)	arrondi par défaut,
ceil(x)	arrondi par excès,
fix(x)	arrondi par défaut un réel positif et par excès un réel négatif.

- Les fonctions trigonométriques et hyperboliques sont :

cos(x)	cosinus,
acos(x)	cosinus inverse (arccos),
sin(x)	sinus,
asin(x)	sinus inverse (arcsin),
tan(x)	tangente,
atan(x)	tangente inverse (arctan),
cosh(x)	cosinus hyperbolique (ch),
acosh(x)	cosinus hyperbolique inverse (argch),

sinh(x) sinus hyperbolique (sh),
asinh(x) sinus hyperbolique inverse (argsh),
tanh(x) tangente hyperbolique (th),
atanh(x) tangente hyperbolique inverse (argth).

1.10. Entrées-sorties

Deux commandes utiles pour gérer le workspace, dont la taille dépend de votre espace de swap **[3, 6]**:
Pour sauvegarder une ou plusieurs variables il faut taper
save [NomFichier] var1 var2 [...] varn
ou pour sauvegarder l'espace de travail au complet, cliquer sur File -> Save Workspace As...

```
>> save % écrit toutes les variables du workspace dans le fichier matlab.mat
```

Pour récupérer ces données, il suffit de taper
load [NomFichier]

```
>> load % charge dans le workspace toutes les variables du          % fichier matlab.mat
```

Il est possible également de sauvegarder des informations dans un fichier sous forme de texte formaté. Pour cela, la première chose à faire est d'utiliser la fonction fopen pour ouvrir un fichier :
f = fopen('[NomFichier]','w') en écriture,
f = fopen('[NomFichier]','r') en lecture.

Ensuite, utiliser la fonction fprintf pour écrire dans un fichier (avec le format désiré), et la fonction fscanf pour lire un fichier. Se reporter à l'aide MATLAB pour les options. Pour fermer le fichier, il suffit d'utiliser fclose.

Entrées-sorties sur des fichiers disques :
fopen (ouverture d'un fichier)
fclose (fermeture d'un fichier)
fscanf (lecture formatée)
fprintf (écriture formatée)
N = input('Enter la valeur de N = ') % entrée interactive
disp(N) % affiche la valeur de N

1.11. M-Files ou scripts

Un script (ou M-file) est un fichier (message.m par exemple) contenant des instructions MATLAB **[5, 6]**.
Voici un exemple de script:

```
% message.m affiche un message
% ce script affiche le message que s'il fait beau
beau_temps=1;
if beau_temps~=0
        disp('Hello, il fait beau')
end
return % (pas nécessaire à la fin d'un M-file)
```

MATLAB vous offre un éditeur pour écrire et mettre au point vos M-files:

```
>> edit % lance l'éditeur de MatLab. Voir aussi la barre d'outils
```

Tout autre éditeur de texte convient aussi.
Les M-files sont exécutés séquentiellement dans le “workspace”, c'est à dire qu'ils peuvent accéder aux variables qui s'y trouvent déjà, les modifier, en créer d'autres etc.
On exécute un M-file en utilisant le nom du script comme commande:

```
>> message
        Hello, il fait beau
```

1.12. Les Boucles (Structures itératives)

Il y a deux types de boucles en MATLAB: la boucle for et la boucle while **[3]**.

1.12.1. La boucle for

La boucle for parcourt un vecteur d'indices et effectue à chaque pas toutes les instructions délimitées par l'instruction end.

```
for variable = valeur_initiale : pas : valeur_finale
   Ici ce que tu veux faire
end
```

```
>> for k=1:4
          x=k^2
  end
x =
        1
x =
        4
x =
        9
x =
        16
```

1.12.2. La boucle while

La boucle while effectue une suite de commandes jusqu'à ce qu'une condition soit satisfaite.

```
initialisations
        while   expression logique
            Ici ce que tu veux faire
   end
```

```
>> x=1
        while  x<14
                x=x+5
        end
x =
        6
```

```
x =
        11
x =
        16
```

- Les deux boucles suivantes donne un même vecteur : f = w = 2 4 6 8 10

```
% Avec la boucle for :

for i = 1:5              % boucle for à pas unité
f(i) = 2*i ;     % l'incrémentation de i est automatique
end

% Avec la boucle While :
i = 1;                          % initialisation de i
      while i <= 5      % boucle tant que i est inférieur ou                    %
égal à 5
            w(i) = 2*i;
         i = i+1;       % l'incrémentation est
        end;                            % importante sinon la
                                        % boucle est infinie
```

1.13. Les Testes (Structures conditionnelles)

Il existe deux structures possibles permettant de réaliser des tests sur les données **[3, 5]**.

1.13.1. La structure if

La structure if permet de tester la valeur d'une variable et d'effectuer différents traitement suivant les cas testés.

```
if condition 1
  commandes
elseif condition 2
  commandes
elseif condition 3
  commandes
.
.
.
else
  commandes
end
```

```
% Exemple d'utilisation de if, elseif, ... end
nb = input('Rentrez un nombre : ');
if (nb < 100)
```

```
  disp('votre nombre est < 100')
elseif (nb == 100)
  disp('votre nombre est 100')
else
  disp('votre nombre est > 100')
end
```

1.13.2. La structure switch

La structure switch permet de choisir entre différents cas, et de faire correspondre un traitement adapté à chacun des cas reconnus.

```
switch variable_testé
     case choix 1 (variable_testé avec choix 1)
        commandes
     case choix 2
        commandes
     case choix 3
        commandes
          .
          .
          .
          otherwise
            commandes
end
```

```
% Un exemple d'utilisation de switch
jour = input('Quel jour sommes nous ? ','s');
switch jour
      case 'lundi'
        jr = 5;
      case 'mardi'
        jr = 4;
      case 'mercredi'
        jr = 3;
      case 'jeudi'
        jr = 2;
      case 'vendredi'
        jr = 1;
      otherwise
      jr = 0;
end
disp([ 'Encore ' num2str(jr) ' jours avant le weekend' ])
```

1.14. Graphismes et gestion des fenêtres graphiques

À la différence des autres programmes permettant de dessiner des graphiques, MATLAB est spécialisé dans les graphiques tracés à partir de matrices de données **[3, 4, 5]**.

Une instruction graphique ouvre une fenêtre dans laquelle est affiché le résultat de cette commande. Par défaut, une nouvelle instruction graphique sera affichée dans la même fenêtre et écrasera la figure précédente. On peut ouvrir une nouvelle fenêtre graphique par la commande figure. Chaque fenêtre se voit affecter un numéro. Ce numéro est visible dans le bandeau de la fenêtre sous forme d'un titre. Le résultat d'une instruction graphique est par défaut affiché dans la dernière fenêtre graphique ouverte qui est la fenêtre graphique active **[4]**.

On rend active une fenêtre graphique précédemment ouverte en exécutant la commande figure(n), où n désigne le numéro de la figure. La commande close permet de fermer la fenêtre graphique active. On ferme une fenêtre graphique précédemment ouverte en exécutant la commande close(n), où n désigne le numéro de la figure. Il est également possible de fermer toutes les fenêtres graphiques en tapant close all.

1.14.1. Graphique 2D

1.14.1.1. L'instruction « plot et fplot » (Tracer une courbe simple)

Pour tracer des courbes, il existe deux fonctions principales : plot et fplot.
La fonction plot(X,Y) trace la courbe dont Y en fonction de X.
C'est avec cette fonction qu'il faut tracer des courbes lorsque nous avons des données expérimentales. Il suffit de les mettre dans une matrice **[4]**.

```
X=[3 5.6 7.2 9.9 11.22]
Y=[8 -4 -2 0 5.67]
plot(X,Y)
```

```
X1=-20:3:20
Y1=X1.^3+2*X1.^2-8*X1+1
figure(1)
plot(X1,Y1)
```

La fonction fplot, elle s'écrit de la manière suivante : fplot(fon,lim) où fon indique le nom de la fonction à tracer sous la forme d'une chaîne de caractères (entre guillemets) et lim défini les limites des échelles. Pour les limites, il faut les écrire entre crochet avec la syntaxe suivante : lim = [Xmin Xmax Ymin Ymax].

```
f='sin';
fplot(f,[-2*pi 4*pi])
```

Lorsque vous avez plusieurs graphiques à tracer dans un même fichier, pour que tous s'affichent en même temps, il faut indiquer l'instruction figure avant chaque graphique à tracer afin de créer une nouvelle figure pour chacun d'eux.

```
x = 0 : .05 : 3*pi; y1 = sin(x); y2 = cos(x);
figure(1); plot(x,y1);
figure(2); plot(x,y2);
```

1.14.1.2. Identification des axes et des points, légendes, grilles

Il est possible d'identifier les axes par les fonctions suivantes : xlabel('texte'), ylabel('texte'). On peut titré le graphique grâce à title('texte') et ajouter une légende avec legend(fonction1,fonction2,...,possont le texte à indiquer sur la fonction désirée et où pos est la position où placer la légende **[4]**.

- **Positions :**

  0 = Meilleur placement automatique (où il y à le moins de conflits avec les données),

  1 = Coin supérieur à droite (défaut),

  2 = Coin supérieur à gauche,

  3 = Coin inférieur à gauche,

  4 = Coin inférieur à droite,

  -1 = À droite du graphique.

Il est aussi possible de quadriller le graphique avec la fonction grid. Cette fonction s'applique à tous les types d'échelles (voir plus bas). Il est aussi possible d'ajouter du texte sur le graphique de 2 manières : la fonction text(x,y, 'text') où x et y sont les coordonnées où placer le texte et la fonction gtext('text') où le texte sera placé manuellement avec la sourie lors de l'exécution du graphique.

De plus, on peut modifier les axes à l'aide des fonctions suivantes :
Axis([xmin xmax ymin ymax])pour les valeurs maximales et minimales des axes ; Axis equal est pour les axes identiques.

```
figure
fplot('[log(x)*sin(x)*3 log(x) sin(x)]',[1 20 -10 10])
title('Fonctions sinus et logarithme naturel')
xlabel('axe des X')
ylabel('axe des Y')
gtext('texte placé manuellement')
text(11,9,'texte placé en avance')
legend('log*sin','log','sin',0)
grid
```

1.14.1.3 Tracés multiples superposés et côte à côte

Pour obtenir plusieurs tracés superposés, il suffit de les inscrire dans la fonction plot(x1,y1,x2,y2, ...). On peut aussi utiliser la fonction hold on pour superposer des graphiques.

Les deux séries d'instructions suivantes produisent le même graphique :

```
x=0:.05:2*pi;
y1=sin(3*x);
y2=3*cos(3*x);
```

1. En utilisant la fonction plot(x1,y1,x2,y2,...)

```
plot(x,y1,x,y2)
legend('f(x)','dérivé de f(x)')
grid
```

2. En utilisant la fonction hold

```
plot(x,y1)
grid
hold on
plot(x,y2)
legend('f(x)','dérivé de f(x)')
hold off
```

Pour les fonctions superposées tracées à l'aide de la fonction fplot, il s'agit de mettre entre rochets les fonctions désirées.

```
f='[tan(x),sin(x),cos(x)]';
fplot(f,2*pi*[-1 1 -1 1])
```

Pour obtenir plusieurs graphiques côte à côte, il suffit d'utiliser la fonction subplot(m,n,p), ce qui divise la figure en une matrice de m par n carreaux rectangulaires. P indique la position dans la matrice que prendra la fonction plot qui suit dans les instructions.
Si on désire créer une matrice 2x2 pour les graphiques, la fonction subplot à inscrire avant chaque fonction à afficher se défini ainsi :

subplot(2,2,1)	subplot(2,2,2)
subplot(2,2,3)	subplot(2,2,4)

```
t = 0:0.3:2*pi;
x = cos(t);
y = sin(t);
figure
subplot(2,1,1);
plot(t,x)
subplot(2,1,2);
plot(t,y)
```

1.14.2. Options visuelles

Pour tracer les courbes, plusieurs options sont offertes. L'usager peut fait le choix entre le type de traits et de point utilisé, ainsi que la couleur. On utilise la fonction plot(X,Y,S) où S indique le choix d'option entre guillemets **[4]**. (Voir fig.1.1)

y	jaune	.	point	-	trait plein
m	magenta	o	cercle	:	pointillé court
c	cyan	x	marque x	-	pointillé long
r	rouge	+	plus	-.	pointillé mixte
g	vert	*	étoile		
b	bleu	s	carré		
w	blanc	d	losange		
k	noir	v	triangle (bas)		
		^	triangle (haut)		
		<	triangle (gauche)		
		>	triangle (droit)		
		p	pentagone		
		h	hexagone		

Figure 1.1 : Options visuelles

```
figure
X1 = 0:.1:2*pi
plot(sin(X1),'g*-.')
```

```
X2 = 0:.5:5;

plot(exp(X2),'md:');
```

1.14.3. Échelles

Plusieurs fonctions pour tracer des graphiques sont disponibles pour les différentes échelles **[4]**:

plot(x,y)	linéaire x-y
polar(theta,r)	polaire
loglog(x,y)	logarithmique x-y
bar(x,y)	barres

semilogx(x,y)	logarithmique x, linéraire y
stairs(x,y)	escalier
semilogy(x,y)	linéaire x, logarithmique y
hist(y,x)	dessine l'histogramme

```
x=-10:.5:10;
y=x.^2+x.*2+3;
subplot(2,2,1), polar(x,y), grid on
subplot(2,2,2), loglog(x,y),grid on
subplot(2,2,3), semilogx(x,y), grid on
subplot(2,2,4), semilogy(x,y), grid on
```

Il est possible de copier la figure une fois qu'elle est ouverte, il suffit d'aller dans le menu Edition → Copy figure pour coller dans un fichier .doc (word)

- <u>Exemple :</u> (Voir fig.1.2)

```
% Tracer les fonctions sinus et cosinus :
x=[-pi:0.1:+pi];
y=sin(x);
plot(x,y,'rp')
grid
z=cos(x)
plot(x,z,'gp')
grid

%utilisant subplot
subplot(1,2,1);
plot(x,y,'rp'), grid
subplot(1,2,2);
plot(x,z,'gp'), grid

title('Fonction')
xlabel('x');
ylabel('F(x)');
```

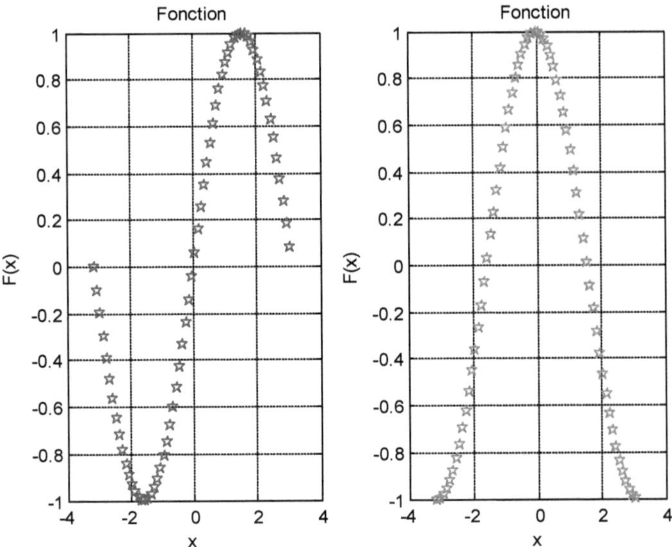

figure 1.2 : Courbes les fonctions sinus et cosinus.

1.14.4. Graphique 3D

a) plot3

```
t = linspace(0, 10*pi);
plot3(sin(t), cos(t), t)
xlabel('sin(t)'), ylabel('cos(t)'), zlabel('t')
grid on
```

b) mesh

```
x = linspace(-3, 3, 30);
y = linspace(-3, 3, 30);
[X Y] = meshgrid(x,y);
Z = peaks(X, Y)
mesh(X, Y, Z)
meshc(X, Y, Z)
```

c) surfl

```
[X,Y,Z] = peaks(30);
surfl(X,Y,Z)
shading interp
colormap pink
```

d) contour

```
[X,Y,Z] = peaks(30)
contour(X,Y,Z,20)
```

2.1. Introduction

Le numéricien est souvent confronte a la résolution d'équations algébriques de la forme $f(x) = 0$ et ce dans toutes sortes de contextes. Introduisons des maintenant la terminologie qui nous sera utile pour traiter ce problème **[10]**.

Une valeur de x solution de $f(x) = 0$ est appelée une racine ou un zéro de la fonction $f(x)$ et est notée α.

On considère une fonction réelle « f » définie sur un intervalle [a, b], avec $a < b$, et continue sur cet intervalle et on suppose que f admet une unique racine sur $I =]a, b[$, c'est-à-dire qu'il existe un unique $\alpha \in I$ tel que $f(\alpha) = 0$.

2.2. Méthode de dichotomie (Bissection)

On considère un intervalle [a, b] et une fonction f continue de [a, b] dans R. On suppose que $f(a)\cdot f(b) < 0$ et que l'équation $f(x) = 0$ admet une unique solution α sur l'intervalle [a, b].

La méthode de dichotomie Figure 2.1 consiste à construire une suite (x_n) qui converge vers α de la manière suivante :

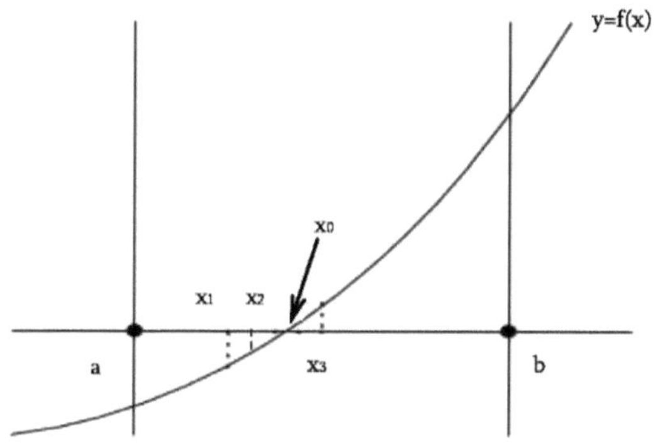

Figure 2.1: Méthode de la Bissection.

Initialisation : on prend pour x_0 le milieu de [a, b]. La racine se trouve alors dans l'un des deux intervalles $]a, x_0[$ ou $]x_0, b[$ ou bien elle est égale à x_0.

- si $f(a)f(x_0) < 0$, alors $\alpha \in]a, x_0[$. On pose $a_1 = a$, $b_1 = x_0$.
- si $f(a)f(x_0) = 0$, alors $\alpha = x_0$.
- si $f(a)f(x_0) > 0$, alors $\alpha \in]x_0, b[$. On pose $a_1 = x_0$, $b_1 = b$.

On prend alors pour x_1 le milieu de $[a_1, b_1]$.
On construit ainsi une suite

$$x_0 = (a+b)/2,\ x_1 = (a_1 + b_1)/2, \ldots, x_n = (a_n + b_n)/2 \qquad (2.1)$$

telle que

$|\alpha - x_n| \leq (b - a)/2$ (2.2)

Etant donné une précision ε, cette méthode permet d'approcher α en un nombre prévisible d'itérations.
Le principe de construction suivants consistent à transformer l'équation f(x) = 0 en une équation équivalente g(x) = x. On peut poser par exemple g(x) = x + f(x), mais on prendra plus généralement $g(x) = x + u(x) \cdot f(x)$ où « u » est une fonction non nulle sur l'intervalle I **[10, 11]**.

Il reste à choisir u pour que la suite définie par $x_0 \in I$ et la relation de récurrence $x_{n+1} = x_n + u(x_n) \cdot f(x_n)$ soit bien définie et converge vers la racine α de f.

Géométriquement dans Figure 2.2, on a remplacé la recherche de l'intersection du graphe de la fonction f avec l'axe OX, par la recherche de l'intersection de la droite d'équation y = x avec la courbe d'équation y = g(x).

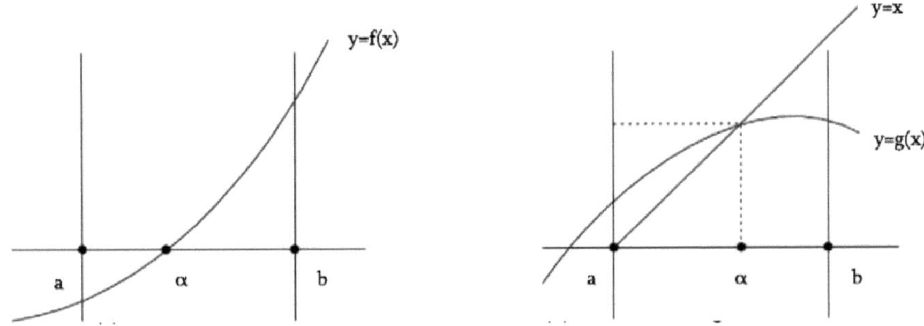

Figure 2.2: Recherche de l'intersection de la méthode de la Bissection.

Le choix d'une méthode est conditionné par les réponses aux questions suivantes :

1) la suite (x_n) converge-t-elle ?
2) si la suite converge, sa limite est-elle α ?
3) si on veut la solution à ε près, comment arrêter les itérations dès que cette condition est remplie ?
4) comme dans tout calcul, on désire obtenir rapidement le résultat approché, il faudra donc estimer la manière dont évolue l'erreur $e = x_n - \alpha$ au cours des itérations.

Les deux premières questions sont purement mathématiques. Les deux dernières sont numériques, car on ne peut effectuer qu'un nombre fini d'itérations pour le calcul.

La continuité des fonctions considérées permet de répondre à la question 2 : si la suite converge, elle converge vers une racine de l'équation ; si, de plus, $x_n \in I$, pour tout n, alors par unicité de la racine dans I, la suite converge vers α.

2.3. Théorème du Point Fixe (Approximations ou Itérations Successives)

2.3.1. Définition

On dit que l'application g : [a, b] $\in$ R est strictement contractante si $\exists L \in]0, 1[$, $\forall x \in [a, b]$, $\forall y \in [a, b]$, $|g(x) - g(y)| \leq L|x - y|$.

2.3.2. Proposition

Soit g une application de classe C^1 de l'intervalle [a, b] de R dans R. On suppose que g' vérifie : $\max\{|g'(x)| ; x \in [a, b]\} \leq L < 1$, alors l'application g est strictement contractante dans l'intervalle [a, b].

2.3.3. Théorème

Si g est une application définie sur l'intervalle [a, b] à valeurs dans [a, b], alors la suite (x_n) définie par $x_0 \in [a, b]$ et la relation de récurrence $x_{n+1} = g(x_n)$ converge vers l'unique solution α de l''equation $x = g(x)$ avec $\alpha \in [a, b]$. Démonstration : la suite (x_n) est bien définie car $g([a, b]) \in [a, b]$.

Montrons, par l'absurde, que l'équation $x = g(x)$ a au plus une solution. Supposons qu'il y ait deux solutions α_1 et α_2, alors :

$$|\alpha_1 - \alpha_2| = |g(\alpha_1) - g(\alpha_2)| \leq L|\alpha_1 - \alpha_2| \qquad (2.3)$$

or $L < 1$ donc nécessairement $\alpha_1 = \alpha_2$.

Montrons que la suite (xn) est convergente. On a :

$$|x_{n+1} - x_n| = |g(x_n) - g(x_{n-1}| \leq L|x_n - x_{n-1}| \qquad (2.4)$$

et par récurrence :

$$|x_{n+1} - x_n| \leq L^n|x_1 - x_0| \qquad (2.5)$$

On en déduit que

$$|x_{n+p} - x_n| \leq L^n|x_1 - x_0|(1 - L_p)/(1 - L) \leq |x_1 - x_0|L^n/(1 - L) \qquad (2.6)$$

Cette suite vérifie le critère de Cauchy ; elle est donc convergente vers $\alpha \in [a, b]$, or l'application g est continue donc la limite α vérifie $g(\alpha) = \alpha$.
On a aussi une évaluation de l'erreur en faisant tendre p vers l'infini, on obtient

$$|\alpha - x_n| \leq |x_1 - x_0|L^n/(1 - L) \qquad (2.7)$$

On constate que, pour n fixé, l'erreur est d'autant plus petite que L est proche de 0.

2.4. Méthode de la sécante (Lagrange)

Cette méthode est également appelée méthode de Lagrange Figure 2.3, méthode des parties proportionnelles ou encore regula falsi **[11]**.

On considère un intervalle [a, b] et une fonction f de classe C^2 de [a, b] dans R. On suppose que $f(a)\cdot f(b) < 0$ et que f' ne s'annule pas sur [a, b], alors l'équation f(x) = 0 admet une unique solution sur l'intervalle [a, b].

- <u>**Remarque :**</u>

L'hypothèse « f dérivable » suffirait, mais demanderait une rédaction un peu plus fine des démonstrations.

La méthode de la sécante consiste à construire une suite (x_n) qui converge vers α de la manière suivante : soit Δ_0 la droite passant par (a, f(a)) et (b, f(b)), elle coupe l'axe OX en un point d'abscisse $x_0 \in]a, b[$. On approche donc la fonction f par un polynôme P de degré 1 et on résout P(x) = 0.

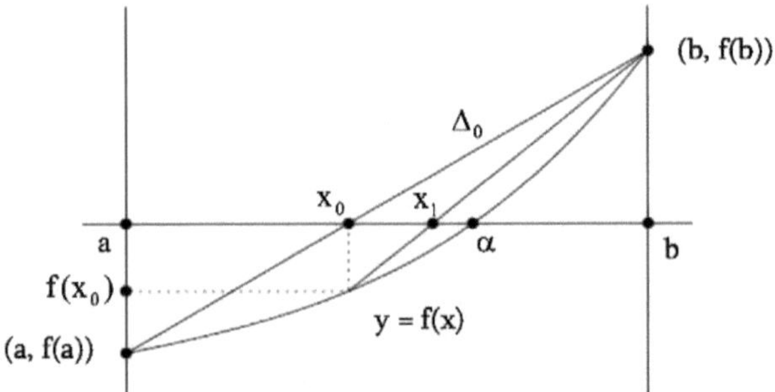

Figure 2.3: Méthode de la Sécante.

Ensuite, suivant la position de α par rapport à x_0, on considère la droite passant par (a, f(a)) et $(x_0, f(x_0))$ si $f(x_0)\cdot f(a) < 0$ ou celle passant par $(x_0, f(x_0))$ et (b, f(b)) si $f(x_0)\cdot f(b) < 0$.
On appelle x_1 l'abscisse du point d'intersection de cette droite avec l'axe OX.
On réitère ensuite le procédé.

Plaçons-nous dans le cas où f' > 0 est dérivable et f est convexe, alors la suite (x_n) est définie par :

$$\begin{cases} x_0 = a \\ x_{n+1} = \dfrac{b\cdot f(x_n) - x_n\cdot f(b)}{f(x_n) - f(b)} \end{cases} \tag{2.8}$$

En effet, si f est convexe, on remplace l'intervalle $[x_n, b]$ par l'intervalle $[x_{n+1}, b]$. L'équation d'une droite passant par (c, f(c)) et (b, f(b)) avec $c \neq b$ est :

$$y - f(b) = \frac{f(b) - f(c)}{b - c}(x - b) \tag{2.9}$$

On cherche son intersection avec l'axe OX donc on prend y = 0 et on obtient la formule donnée plus haut.

- **Remarque :**

Si « f » est convexe, alors sa représentation graphique est au dessus des tangentes et en dessous des cordes.
On pose :

$$g(x) = \frac{b \cdot f(x) - x \cdot f(b)}{f(x) - f(b)} = x - \frac{b - x}{f(b) - f(x)} f(x) \qquad (2.10)$$

d'où $x_{n+1}=g(x_n)$, montrons que cette suite (x_n) est définie.

Pour cela, il suffit de montrer que g([a, b]) ∈ [a, b]. Vérifions d'abord que g est de classe C^1 sur [a, b]. Elle l'est de manière évidente sur [a, b[. L'application g est continue en b et g(b) = b − f(b)/f'(b). On a, pour tout x ∈ [a, b[

$$\begin{aligned} g'(x) &= 1 - f'(x)\frac{b-x}{f(b)-f(x)} + f(x)\frac{f(b)-f(x)-(b-x)\cdot f'(x)}{(f(b)-f(x))^2} \\ &= f(b)\frac{f(b)-f(x)-(b-x)\cdot f'(x)}{(f(b)-f(x))^2} \end{aligned} \qquad (2.11)$$

On en déduit que g' est continue en b et $g'(b) = f(b)\cdot f''(b)/(2f'(b)^{2)}$. De plus, l'application f est convexe, donc $f(b) - f(x) - (b - x)f'(x) \geq 0$. On a également f(b) > 0 car f croissante et $f(a)\cdot f(b) < 0$. La fonction g est donc croissante sur [a, b]. On a alors g([a, b]) ∈ [g(a), g(b)]. De plus, $g(a) = (a - f(a))\cdot(b - a)/(f(b) - f(a))$, or f(a) < 0 et $(b - a)/(f(b) - f(a)) \geq 0$ par croissance de f ; donc $g(a) \geq a$. De même g(b) = b −f(b)/f'(b), or f'(b) > 0 et f(b) > 0 donc $g(b) \leq b$.

La croissance de g montre que la suite (x_n) est croissante car $x_1 = g(a) \geq a = x_0$, or elle est dans l'intervalle [a, b], donc elle converge vers l ∈ [a, b] tel que, par continuité de g, g(l) = l. De plus, $x_0 \leq \alpha$ donc une récurrence immédiate et la croissance de g montrent que, pour tout entier n, $x_n \leq \alpha$. On en déduit que $l \leq \alpha$, c'est-à-dire que l ∈]a, b[.

Soit x ∈]a, b[tel que f(x) = 0, alors il est immédiat que g(x) = x. Réciproquement, soit x ∈]a, b[tel que g(x) = x, alors $(b - x)\cdot f(x)/(f(b) - f(x)) = 0$, or $x \neq b$ et $f(x) \neq f(b)$ car f est strictement croissante et x ∈]a, b[. On en déduit que f(x) = 0. Il y a unicité de la racine de f, donc l = α et la suite (x_n) converge vers α.

2.5. Méthode de Newton (des Tangentes)

On cherche les points fixes de la fonction $g(x) = x + u(x)\cdot f(x)$, et on a vu que :

$$\lim_{n \to +\infty} \frac{|x_n - \alpha|}{|x_{n+1} - \alpha|} = |g'(\alpha)| = g'(\alpha) \qquad (2.12)$$

Pour obtenir une convergence plus rapide, on peut chercher u tel que g'(α) = 0. On a, si les fonctions ont les régularités nécessaires, $g'(x) = 1 + u'(x)\cdot f(x) + u(x)\cdot f'(x)$ et on en déduit que g'(α) = 0 si u(α) = −1/f'(α).

Si la fonction « f' » ne s'annule pas, on peut donc choisir $u(x) = -1/f'(x)$. On obtient alors la méthode de Newton **[12]**.

2.5.1. Description de la méthode

On considère une fonction réelle définie sur un intervalle I = [a, b] de classe C^2 telle que $f(a)\cdot f(b) < 0$; on suppose que les fonctions f' et f'' ne s'annulent pas et gardent chacune un signe constant sur I. On pose

$$g(x) = x - f(x)/f'(x) \tag{2.13}$$

Si f'f'' est positive (respectivement négative) sur [a, b], on pose $x_0 = b$. On définit alors la suite (x_n) par la donnée de x_0 et la relation de récurrence $x_{n+1} = g(x_n)$.

2.5.2. Théorème

La suite (x_n) converge vers α l'unique racine de f sur [a, b].

Pour simplifier la rédaction, on va supposer que f' est strictement positive et f'' est strictement négative sur I. Les autres cas se traitent de manière similaire. Ces hypothèses assurent l'existence et l'unicité de $\alpha \in$ I tel que $f(\alpha) = 0$.

On va montrer que la suite (x_n) est croissante et majorée par α. On a $x_0 = a$, donc $x_0 \leq \alpha$. Supposons que $x_n \leq \alpha$, alors, comme $x_{n+1} = x_n - f(x_n)/f'(x_n)$ et que la fonction f' est positive, donc f est croissante, on en déduit immédiatement que $x_{n+1} \geq x_n$ et la suite (x_n) est croissante.

De plus,

$$x_{n+1} - \alpha = g(x_n) - g(\alpha) = g'(\xi)(x_n - \alpha) \tag{2.14}$$

avec $\xi \in]x_n, \alpha[$.

Or

$$g'(x) = f(x)\cdot f''(x)/(f'(x))^2 \tag{2.15}$$

donc $g'(\xi) > 0$ et $x_{n+1} \leq \alpha$.

La suite (x_n) est croissante et majorée ; elle est donc convergente. Notons ℓ sa limite. La continuité de g permet d'écrire que $\ell = g(\ell)$ et donc $f(\ell) = 0$ d'où $\ell = \alpha$.

2.5.3. Interprétation graphique

La méthode de Newton Figure 2.4consiste à remplacer la courbe par sa tangente en une de ses deux extrémités. Le point x_1 est l'intersection de cette tangente avec l'axe OX **[13]**.
Pour faire le dessin, on va se placer dans le cas étudié pour la méthode de la sécante, f' > 0 et f'' < 0. On prend alors $x_0 = b$.

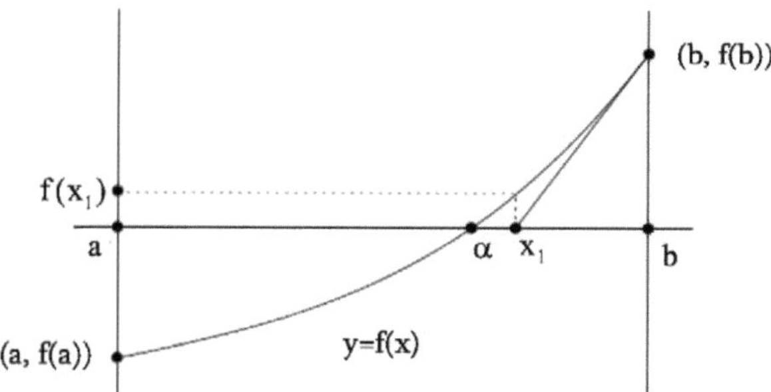

Figure 2.4: Méthode de Newton.

Traçons la tangente à la courbe représentative de « f » passant par (b, f(b)). L'équation de cette tangente est $y = f'(b)(x- b) + f(b)$. Son intersection avec l'axe Ox a une ordonnée nulle et son abscisse vaut $x_1 = b - f(b)/f'(b)$. On trace ensuite la tangente à la courbe au point (x_1, $f(x_1)$). Le réel x_2 est l'abscisse de l'intersection de cette deuxième tangente avec l'axe Ox et on réitère ce procédé.

- **Remarque :**

Si on prenait la tangente à la courbe en (a, f(a)), son intersection avec l'axe Ox ne serait pas, sur ce dessin, dans l'intervalle [a, b].

2.6. Exemple d'application

Soit la fonction $f(x) = x^3+4x^2-10$, avec $x \in [1, 2]$, $\xi=10^{-3}$;

- Trouvez une valeur approchée de la solution exacte de f(x)=0 par :

  1) la méthode de Dichotomie ;
  2) la méthode du point fixe ;
  3) la méthode de Newton.

- **Solutions :**

1) Par la méthode de Dichotomie :

f(x) est continue sur [1, 2] et $f(1)\cdot f(2) = (-5)\cdot(14) < 0$, donc d'après la méthode de Dichotomie il existe au moins un $x^* \in [1, 2]$ tel que $f(x^*)=0$.

On construit une suite $x_0 = (a+b)/2$, $x_1 = (a_1 + b_1)/2, \ldots, x_n = (a_n + b_n)/2$; et en vérifier que :

• si $f(a)f(x_0) < 0$, alors $\alpha \in]a, x_0[$. On pose $a_1 = a$, $b_1 = x_0$.

• si $f(a)f(x_0) = 0$, alors $\alpha = x_0$.

• si $f(a)f(x_0) > 0$, alors $\alpha \in]x_0, b[$. On pose $a_1 = x_0$, $b_1 = b$.

n	a_n	b_n	x_n	$f(x_n)$
0	1	2	1.5	+2.375
1	1	1.5	1.25	-1.79687
2	1.25	1.5	1.375	+0.16211
3	1.25	1.375	1.3125	-0.84839
4	1.3125	1.375	1.34375	-0.35098
5	1.34375	1.375	1.35937	-0.09641
6	1.35937	1.375	1.36718	+0.03236
7	1.35937	1.36718	1.36328	-0.03215
8	1.36328	1.36718	1.36523	0.000072

Test d'arrêt :
$\xi=10^{-3}$ c'est-à-dire $|x_8 - x_7| \leq \xi$; Alors $x^* = x_8 = 1.36523$

2) Par la méthode du point fixe :

L'équation f(x) =0 peut être transformée en une équation équivalente : g(x) = x, où :
$f(x) = x^3+4x^2-10 = 0 \rightarrow x^2(x+4) = 10$

1) existe x*.

2) $g(x) = \left(\dfrac{10}{(x+4)}\right)^{\frac{1}{2}}$

3) l'application de la méthode du point fixe, formons la suite $x_{n+1}=g(x_n)$; on particulier $x_0 = 1.5$, pour ce choix en à :

1er itération $x_1 = g(x_0) = 1.3483$
2ème itération $x_2 = g(x_1) = 1.3673$
3ème itération $x_3 = g(x_2) = 1.3649$
4ème itération $x_4 = g(x_3) = 1.3652$
5ème itération $x_5 = g(x_4) = 1.3652$

4) Test d'arrêt :
$\xi=10^{-3}$ c'est-à-dire $|x_5 - x_4| \leq \xi$; Alors $x^* = x_5 = 1.3652$

3) Par la méthode de Newton :

L'équation $f(x) = x^3+4x^2-10$ et leur dérivé est $f'(x) = 3x^2+8$, alors on part de $x_0 = 1.5$ et en appliquant la formule de Newton :

$$x_{n+1} = x_n - f(x_n)/f'(x_n)$$

On obtient :

$$x_{n+1} = x_n - (x_n^3+4x_n^2-10) /(3x_n^2+8)$$

Nombre d'itérations est de n = 1, 2, 3… jusqu'au le test d'arrêt :
pour n = 1 : $x_1 = x_0 - (x_0^3+4x_0^2-10) /(3x_0^2+8) = 1.37333$
pour n = 2 : $x_2 = x_1 - (x_1^3+4x_1^2-10) /(3x_1^2+8)$
pour n = 3 : $x_3 = x_2 - (x_2^3+4x_2^2-10) /(3x_2^2+8)$

2.7. Applications par code MATLAB sur les méthodes numériques de la résolution de l'équation non linéaire f(x) = 0

2.7.1. Applications pour valider les programmes

Soit : $f_1(x) = x^4 + x - 3$ $[-2, +2]$

$f_2(x) = x^3 + 4x^2 - 10$ $[1, 2]$

$f_3(x) = \sqrt{2x+1} - \sqrt{x+4}$ $[1, 4]$

$f_4(x) = \cos 2x + \sin 2x + x - 1$ $[1, 2]$

- En utilisant MATLAB, tracer les fonctions f_1, f_2, f_3 et f_4 dans leurs l'intervalle.
- Par les méthodes de bissection, Point fixe, Lagrange et Newton, trouver x telle que f(x)=0 dans l'intervalle [-1.75,-1] et [1, 2].
- Ecrire les programmes MATLAB qui calculent x dans un intervalle $[x_1, x_2]$ par les quatre méthodes.

2.7.2. Application MATLAB de la méthode de Dichotomie

2.7.2.1. Algorithme de la méthode de Dichotomie

Etape 1 Poser $a_0=a$ et $b_0=b$
Poser fa= f(a) et fb= f(b)

Etape 2 Poser i=0

Etape 3 Poser $x_i=(a_i+b_i)/2$ et $f=f(x_i)$

Etape 4 Si x_i est une solution ($f(x_i)=0$), aller a l'Etape 10. Sinon, aller a l'Etape 5.

Etape 5 Si $f(a_i).f(x_i)<0$, aller à l'Etape 6
Sinon ($f(a_i).f(x_i)>0$), aller à l'Etape 8

Etape 6 Poser $b_{i+1}=x_i$

Etape 7 Ajouter 1 à i et aller à l'Etape 3

Etape 8 Poser $a_{i+1}=x_i$

Etape 9 Ajouter 1 à i et aller à l'Etape 3

Etape 10 Fin

2.7.2.2. Programme MATLAB de la méthode de Dichotomie

1) Programme MATLAB utilisant la boucle for et la limitation des itérations :

```
clear all ; close all ; clc
a=1; b=2;                          % l'intervalle [a, b]
fa=a^3 + 4*a^2 - 10;               % l'évaluation par a
fb=b^3 + 4*b^2 - 10;               % l'évaluation par b
for i=1:50;                                  % limitation à 50 itérations
  x=(a+b)/2; fx=x^3 + 4*x^2 - 10; % l'intervalle [a, b] sur 2
      if (fa*fx<0)                 % test de signe
      b=x;                                   % choix de l'intervalle [a, x0]
      else                                   % changer l'intervalle [x0, b]
```

```
        a=x;
        end
end
x
```

2) Programme MATLAB utilisant la boucle while et l'erreur epsilon :

```
clear all ; close all ; clc
a=1; b=2;                                  % l'intervalle [a, b]
fa=a^3 + 4*a^2 - 10;                % l'évaluation par a
fb=b^3 + 4*b^2 - 10;                % l'évaluation par b
eps=0.001;                                 % l'erreur epsilon_
while (b-a) >eps
  x=(a+b)/2; fx=x^3 + 4*x^2 - 10;
        if (sign(fx) == sign(fa))   % test de signe
        a=x; fa=fx;
        else
    b=x; fb=fx;
        end
end
x
```

3) Programme MATLAB utilisant le fichier fonction:

- Fichier :dichotomie.m

```
function [x,i] = dichotomie(f,a,b,epsilon,maxit

% ENTREES
% f = fonction objet de type "string"
% [a,b] = intervalle comprenant un (seul) zéro de la fonction
% epsilon = précision souhaitée sur le zéro cherche
% maxit = nombre maximum d'itérations

% SORTIES
% x = suite des approximations du zéro de f
% i = nombre d'itérations
% Test sur les bornes de l'intervalle [a,b]

ya = feval(f.a);
yb = feval(f,b);
        ifya*yb > 0.0
        error ('Les valeurs de la fonction faux bornes de T''intervalle [a,b] sont de même
        signe.');
        end
% Dichotomie
        for i = l:maxit                    % Pour i variant de 1 a maxit.
                x(i) = (a+b)/2;            % Calcul de la ième approximation.
                y = feval(f,x(i));         % Si la précision souhaitée est
                                       % atteinte, stopper.
                if (x(i) - a) < epsilon
```

```
        disp ('Convergence atteinte');
        break;
        end
if y = = 0.0
disp ('Zéro trouvé');  % Si le zéro est trouve, stopper.
break;
elseif y * ya < 0.0
b = x(i);                        % Si la fonction prend des valeurs
                       % de signes opposes
yb = feval(f.b);             % en x(i) et en a, remplacer la
                       % borne b par x(i).
else
a = x(i);                        % Dans le cas contraire, remplacer
                       % la borne a par x(i).
ya = feval(f,a);
end
        if i = = maxit
disp ('Zéro non trouvé');      % Si le nombre max d'itérations
                       % est atteint, stopper.
        break;
        end
end
```

2.7.3. Application MATLAB de la méthode de Point fixe

2.7.3.1. Algorithme de la méthode de Point fixe

Etape 1	Poser a_0=a et b_0=b ; $x_0=(a_0+b_0)/2$
Etape 2	Poser i=1
	Poser $x_i = g(x_{i-1})$
Etape 3	Si x_i est une solution ($f(x_i)=0$), aller a l'Etape 5. Sinon, aller a l'Etape 4.
Etape 4	Ajouter 1 à i et aller à l'Etape 2
Etape 5	Fin

2.7.3.2. Programme MATLAB de la méthode de Point fixe

1) Programme MATLAB utilisant la boucle for et la limitation des itérations :

```
clear all ; close all ; clc
a=1; b=2;                    % l'intervalle [a, b]
x=(a+b)/2;
for i=1:50                         % limitation à 50 itérations
 x=sqrt(10/(x+4));       % la forme x = g(x)
end
x
```

2) Programme MATLAB utilisant le fichier fonction:

- Fichier PointFixe.m

```
function[X,y,err,k] = PointFixe(g,xl,delta,epsilon,maxit)

% Pour déterminer un zéro d'une fonction par la méthode itérative du point fixe.
% L'équation f(x) = 0 doit être mise sous la forme x = g(x). Le  % processus est convergent si
la pente
% de la tangente au voisinage du zéro est inferieure a 1 en valeur % absolue.

% ENTREES
% g = fonction (objet de type string).
% xl = approximation initiale du zéro.
% delta = tolérance sur l'approximation du zéro.
% epsilon = tolérance sur la valeur de y.
% maxit = nombre maximum d'itérations.

% SORTIES
% X = suite des approximations du zéro.
% y = valeur prise par f pour la dernière valeur approchée       % obtenue.
% err = estimation de l'erreur commise sur le zéro.
% k = nombre d'itérations.

X(l) = xl;
        for k = l:maxit
        X(k+1) = feval(g,X(k));
        err = abs(X(k+l)-X(k));
        y - feval(f,X(k+l));
                if (err < delta) & (abs(y) < epsilon)
                break
                end
        end
```

2.7.4. Application MATLAB de la méthode de Sécante (Lagrange)

2.7.4.1. Algorithme de la méthode de Sécante

Etape 1	Poser x_{i-1}=a et x_{i-2}=b ;
Etape 2	Poser i=1 Poser xi= (b-f(b)·[(b-a)/(f'(b) -f'(a))]
Etape 3	Si x_i est une solution ($f(x_i)=0$), aller a l'Etape 5. Sinon, aller a l'Etape 4.
Etape 4	Ajouter 1 à i et aller à l'Etape 2
Etape 5	Fin

2.7.4.2. Programme MATLAB de la méthode de Sécante

❖ Programme MATLAB utilisant le fichier fonction (Secante.m):

```
function [X,err,y,k] = Secante(f,a,b,delta,epsilon,maxit)

% La méthode des sécantes est un procède itératif qui permet      % d'approcher l'unique zéro d'une fonction
% situe dans un intervalle; a partir de deux approximations a et b % du zéro, elle détermine la suivante
% par la relation
%                       b - a
%            x = b - f(b) --------------
%                       f'(b) - f(a)
%
% Des valeurs de f(a) et f(b) très voisines risquent de provoquer  % une division par 0 au cours du processus.

% ENTREES
% f = fonction (objet de type string).
% a.b – deux premières valeurs approchées du zéro.
% delta = tolérance sur l'approximation du zéro.
% epsilon = tolérance sur la valeur de y.
% maxit = nombre maximum d'itérations.
% SORTIES
% X = suite des approximations du zéro.
% err = estimation de l'erreur commise sur le zéro.
% y = valeur prise par f pour la dernière valeur approchée        % obtenue.
% k = nombre d'itérations.

X(l) = a;
X(2) = b;
yp = feval(f,a);
y = feval (f,b);
    for k = 1: maxit
    X(k+2) = X(k+l)-y*(X(k +l)-X(k))/(y-yp);
    yp - y;
    y = feval(f,X(k+2));
    en = abs(X(k + l)-X(k));
        if (err < delta) & (abs(y) < epsilon)
        break
        end
    end
```

2.7.5. Application MATLAB de la méthode de Newton

2.7.5.1. Algorithme de la méthode de Newton

Etape 1 Poser a_0=a et b_0=b ; $x_0=(a_0+b_0)/2$

Etape 2 Poser i=1

	Poser $x_i = x_{i-1} - f(x_{i-1})/f'(x_{i-1})$
Etape 3	Si x_i est une solution ($f(x_i)=0$), aller a l'Etape 5. Sinon, aller a l'Etape 4.
Etape 4	Ajouter 1 à i et aller à l'Etape 2
Etape 5	Fin

2.7.5.2. Programme MATLAB de la méthode de Newton

1) Programme MATLAB utilisant la boucle for et la limitation des itérations :

```
clear all ; close all ; clc
a=1; b=2;                        % l'intervalle [a, b]
x=(a+b)/2;                             % l'intervalle [a, b] sur 2
for i=1:50;                            % limitation à 50 itérations
  x=x-((x^3 + 4*x^2 - 10)/(3*x^2+4*x)); % formule Newton
end
x
```

3) Programme MATLAB utilisant le fichier fonction:

- Fichier Newton.m

```
function[X,y,err,k] = Newton(f,df,xl,delta,epsilon,maxit)

% Recherche des tangentes de Newton une valeur approchée d'un zéro % de la fonction f.

% ENTREES
% f = fonction (objet de type string).
% df = idem, sa dérivée (a calculer soi-même).
% xl = approximation initiale du zéro.
% delta = tolérance sur l'approximation du zéro.
% epsilon = tolérance sur la valeur de y.
% maxit = nombre maximum d'itérations.

% SORTIES
% X = suite des approximations du zéro.
% err = estimation de l'erreur commise sur le zéro.
% y = valeur prise par f pour la dernière valeur approchée      % obtenue.
% k = nombre d'itérations.

X(l) = xl;
        for k = 1 :maxit
        X(k+1) - X(k) - feval(f,X(k))/feval(df,X(k));
        err = abs(X(k+l)-X(k));
        y = feval(f,X(k + l));
                if (err < delta) & (abs(y) < epsilon)
                break
                end
        end
```

3.1. Introduction

Les systèmes d'équations algébriques jouent un rôle très important en ingénierie. On peut classer ces systèmes en deux grandes familles: les systèmes linéaires et les systèmes non linéaires (voir chapitre 7).
Ici encore, les progrès de l'informatique et de l'analyse numérique permettent d'aborder des problèmes de taille prodigieuse. On résout couramment aujourd'hui des systèmes de plusieurs centaines de milliers d'inconnues. On rencontre ces applications en électrotechnique (écoulement des puissances), mécanique des fluides et dans l'analyse de structures complexes. On peut par exemple calculer l'écoulement des puissances dans un réseau électrique **[14]**.
Ces calculs complexes requièrent des méthodes sophistiquées comme les méthodes directes de Gauss et les méthodes itératives Gauss-Seidel. On obtient généralement des systèmes d'équations non linéaires de taille considérable, qu'on doit résoudre à l'aide de méthodes efficaces qui minimisent le temps de calcul et l'espace-mémoire requis **[15, 16]**.
Dans ce chapitre, nous allons aborder les principales méthodes de résolution des systèmes linéaires, à savoir la méthode d'élimination de Gauss et la méthode de Gauss-Seidel.

3.2. Généralités

- ✓ Soit une Matrice carrée A : $\begin{bmatrix} a_{11} & a_{12} & a_{13} & a_{14} \\ a_{21} & a_{22} & a_{23} & a_{24} \\ a_{31} & a_{32} & a_{33} & a_{34} \\ a_{41} & a_{42} & a_{43} & a_{44} \end{bmatrix}$, chaque élément de A est a_{ij} avec i c'est l'indice de ligne et j l'indice de colonne.

- ✓ Si la matrice A = $\begin{bmatrix} a_{11} & 0 & 0 & 0 \\ 0 & a_{22} & 0 & 0 \\ 0 & 0 & a_{33} & 0 \\ 0 & 0 & 0 & a_{44} \end{bmatrix}$ → dite matrice Diagonale.

- ✓ Si les éléments diagonaux de A sont égaux à 1 → dite matrice Unité

- ✓ « A » matrice est dite Régulière si det(A)≠0, sinon est dite Singulière.

- ✓ « A » matrice est dite Triangulaire Supérieur si $\begin{bmatrix} a_{11} & a_{12} & a_{13} & a_{14} \\ 0 & a_{22} & a_{23} & a_{24} \\ 0 & 0 & a_{33} & a_{34} \\ 0 & 0 & 0 & a_{44} \end{bmatrix}$.

- ✓ « A » matrice est dite Triangulaire Inférieur si $\begin{bmatrix} a_{11} & 0 & 0 & 0 \\ a_{21} & a_{22} & 0 & 0 \\ a_{31} & a_{32} & a_{33} & 0 \\ a_{41} & a_{42} & a_{43} & a_{44} \end{bmatrix}$.

3.3. Problème

Soit le système linéaire sous la forme suivant :

$$\begin{cases} a_{11}x_1 + a_{12}x_2 + a_{13}x_3 + \cdots + a_{1n}x_n = b_1 \\ a_{21}x_1 + a_{22}x_2 + a_{23}x_3 + \cdots + a_{2n}x_n = b_2 \\ a_{31}x_1 + a_{32}x_2 + a_{33}x_3 + \cdots + a_{3n}x_n = b_3 \\ \\ a_{n1}x_1 + a_{n2}x_2 + a_{n3}x_3 + \cdots + a_{nn}x_n = b_n \end{cases} \quad (3.1)$$

L'équation (3.1) est équivalente au système matriciel A•X=b suivant :

$$\begin{bmatrix} a_{11} & a_{12} & a_{13} & \cdots & a_{1n} \\ a_{21} & a_{22} & a_{23} & \cdots & a_{2n} \\ a_{31} & a_{32} & a_{33} & \cdots & a_{3n} \\ \vdots & \vdots & \vdots & \ddots & \vdots \\ a_{n1} & a_{n2} & a_{n3} & \cdots & a_{nn} \end{bmatrix} \cdot \begin{bmatrix} x_1 \\ x_2 \\ x_3 \\ \vdots \\ x_n \end{bmatrix} = \begin{bmatrix} b_1 \\ b_2 \\ b_3 \\ \vdots \\ b_n \end{bmatrix} \quad (3.2)$$

3.4. Méthode Directe d'Elimination de Gauss

Tous les outils sont en place pour la résolution d'un système linéaire. H suffit maintenant d'utiliser systématiquement les opérations élémentaires pour introduire des zéros sous la diagonale de la matrice A et obtenir ainsi un système triangulaire supérieur **[17, 18]**.
La validité de la méthode d'élimination de Gauss repose sur le fait que les opérations élémentaires consistent à multiplier le système de départ par une matrice inversible. La méthode d'élimination de Gauss consiste à éliminer tous les termes sous la diagonale de la matrice A.

Soit le Système linéaire de quatre équations suivant :

$$\begin{cases} a_{11}x_1 + a_{12}x_2 + a_{13}x_3 + a_{14}x_4 = b_1 & (1) \\ a_{21}x_1 + a_{22}x_2 + a_{23}x_3 + a_{24}x_4 = b_2 & (2) \\ a_{31}x_1 + a_{32}x_2 + a_{33}x_3 + a_{34}x_4 = b_3 & (3) \\ a_{41}x_1 + a_{42}x_2 + a_{43}x_3 + a_{44}x_4 = b_4 & (4) \end{cases} \quad (3.3)$$

- Équation (1) → $a_{11} \neq 0$:

Divisons l'équation (1) du système (3.3) par a_{11} en obtient :

$$x_1 + \frac{a_{12}}{a_{11}}x_2 + \frac{a_{13}}{a_{11}}x_3 + \frac{a_{14}}{a_{11}}x_4 = \frac{b_1}{a_{11}} \quad (3.4)$$

$$x_1 + \overset{(1)}{a_{12}}x_2 + \overset{(1)}{a_{13}}x_3 + \overset{(1)}{a_{14}}x_4 = \overset{(1)}{b_1} \quad (3.5)$$

Avec : $\overset{(1)}{a_{1j}} = \frac{a_{1j}}{a_{11}}$; $\overset{(1)}{b_1} = \frac{b_1}{a_{11}}$.

Essayant d'éliminer la variable x_1 de l'équation (2) du système (3.3) pour ce là on va multiplier l'équation (3.5) par a_{21} et la soustrais de l'équation (2) : {éq(2)-a_{21}.éq(3.5)}.
De la même façon pour éliminer x_1 des équations (3) et (4) : {éq(3)-a_{31}.éq(3.5)} et {éq(4)-a_{41}.éq(3.5)}, on aura :

$$\begin{cases} x_1 + \overset{(1)}{a_{12}} x_2 + \overset{(1)}{a_{13}} x_3 + \overset{(1)}{a_{14}} x_4 = \overset{(1)}{b_1} & (1) \\ 0x_1 + \overset{(1)}{a_{22}} x_2 + \overset{(1)}{a_{23}} x_3 + \overset{(1)}{a_{24}} x_4 = \overset{(1)}{b_2} & (2) \\ 0x_1 + \overset{(1)}{a_{32}} x_2 + \overset{(1)}{a_{33}} x_3 + \overset{(1)}{a_{34}} x_4 = \overset{(1)}{b_3} & (3) \\ 0x_1 + \overset{(1)}{a_{42}} x_2 + \overset{(1)}{a_{43}} x_3 + \overset{(1)}{a_{44}} x_4 = \overset{(1)}{b_4} & (4) \end{cases} \tag{3.6}$$

$$\begin{bmatrix} 1 & \overset{(1)}{a_{12}} & \overset{(1)}{a_{13}} & \overset{(1)}{a_{14}} \\ 0 & \overset{(1)}{a_{22}} & \overset{(1)}{a_{23}} & \overset{(1)}{a_{24}} \\ 0 & \overset{(1)}{a_{32}} & \overset{(1)}{a_{33}} & \overset{(1)}{a_{34}} \\ 0 & \overset{(1)}{a_{42}} & \overset{(1)}{a_{43}} & \overset{(1)}{a_{44}} \end{bmatrix} \cdot \begin{bmatrix} x_1 \\ x_2 \\ x_3 \\ x_4 \end{bmatrix} = \begin{bmatrix} \overset{(1)}{b_1} \\ \overset{(1)}{b_2} \\ \overset{(1)}{b_3} \\ \overset{(1)}{b_4} \end{bmatrix} \tag{3.7}$$

Alors : $\overset{(1)}{a_{ij}} = a_{ij} - a_{i1} \cdot \overset{(1)}{a_{1j}} \qquad \begin{Bmatrix} i = 2,3,4 \\ j = 1,2,3,4 \end{Bmatrix}$

❖ <u>Équation (2)</u> $\rightarrow \overset{(1)}{a_{22}} \neq 0$:

Divisons l'équation (2) du système (3.6) par $\overset{(1)}{a_{22}}$ en obtient :

$$x_2 + \overset{(2)}{a_{23}} x_3 + \overset{(2)}{a_{24}} x_4 = \overset{(2)}{b_2} \tag{3.8}$$

Avec : $\overset{(2)}{a_{2j}} = \dfrac{\overset{(1)}{a_{2j}}}{\overset{(1)}{a_{22}}}$; $\overset{(2)}{b_2} = \dfrac{\overset{(1)}{b_2}}{\overset{(1)}{a_{22}}}$.

Essayant d'éliminer la variable x_2 des équations (3) et (4) du système (3.6) pour ce là on va multiplier l'équation (3.8) par $\overset{(1)}{a_{32}}$ et la soustrais de l'équation (3) du système (3.6) : {éq(3)-$\overset{(1)}{a_{32}}$.éq(3.8)} et de la même façon pour éliminer x_2 de l'équations (4) : {éq(4)- $\overset{(1)}{a_{42}}$.éq(3.8)} on aura :

$$\begin{cases} x_1 + \overset{(1)}{a_{12}} x_2 + \overset{(1)}{a_{13}} x_3 + \overset{(1)}{a_{14}} x_4 = \overset{(1)}{b_1} & (1) \\ 0x_1 + x_2 + \overset{(2)}{a_{23}} x_3 + \overset{(2)}{a_{24}} x_4 = \overset{(2)}{b_2} & (2) \\ 0x_1 + 0x_2 + \overset{(2)}{a_{33}} x_3 + \overset{(2)}{a_{34}} x_4 = \overset{(2)}{b_3} & (3) \\ 0x_1 + 0x_2 + \overset{(2)}{a_{43}} x_3 + \overset{(2)}{a_{44}} x_4 = \overset{(2)}{b_4} & (4) \end{cases} \tag{3.9}$$

$$\begin{bmatrix} 1 & \overset{(1)}{a}_{12} & \overset{(1)}{a}_{13} & \overset{(1)}{a}_{14} \\ 0 & 1 & \overset{(2)}{a}_{23} & \overset{(2)}{a}_{24} \\ 0 & 0 & \overset{(2)}{a}_{33} & \overset{(2)}{a}_{34} \\ 0 & 0 & \overset{(2)}{a}_{43} & \overset{(2)}{a}_{44} \end{bmatrix} \cdot \begin{bmatrix} x_1 \\ x_2 \\ x_3 \\ x_4 \end{bmatrix} = \begin{bmatrix} \overset{(1)}{b}_1 \\ \overset{(2)}{b}_2 \\ \overset{(2)}{b}_3 \\ \overset{(2)}{b}_4 \end{bmatrix} \qquad (3.10)$$

Alors : $\overset{(2)}{a}_{ij} = \overset{(1)}{a}_{ij} - \overset{(1)}{a}_{i2} \cdot \overset{(2)}{a}_{2j} \qquad \begin{Bmatrix} i = 3,4 \\ j = 2,3,4 \end{Bmatrix}$

❖ <u>Équation (3)</u> $\rightarrow \overset{(2)}{a}_{33} \neq 0$:

Divisons l'équation (3) du système (3.9) par $\overset{(2)}{a}_{33}$ en obtient :

$$x_3 + \overset{(3)}{a}_{34} x_4 = \overset{(3)}{b}_3 \qquad (3.11)$$

Avec : $\overset{(3)}{a}_{3j} = \dfrac{\overset{(2)}{a}_{3j}}{\overset{(2)}{a}_{33}}$; $\overset{(3)}{b}_3 = \dfrac{\overset{(2)}{b}_3}{\overset{(2)}{a}_{33}}$.

Essayant d'éliminer la variable x_3 de l'équation (3) du système (3.9) pour ce là on va multiplier l'équation (3.11) par $\overset{(2)}{a}_{43}$ et la soustrais de l'équation (2) : {éq(4)- $\overset{(2)}{a}_{43}$.éq(3.11)}.

$$\begin{cases} x_1 + \overset{(1)}{a}_{12} x_2 + \overset{(1)}{a}_{13} x_3 + \overset{(1)}{a}_{14} x_4 = \overset{(1)}{b}_1 \\ 0x_1 + x_2 + \overset{(2)}{a}_{23} x_3 + \overset{(2)}{a}_{24} x_4 = \overset{(2)}{b}_2 \\ 0x_1 + 0x_2 + x_3 + \overset{(3)}{a}_{34} x_4 = \overset{(3)}{b}_3 \\ 0x_1 + 0x_2 + 0x_3 + \overset{(3)}{a}_{44} x_4 = \overset{(3)}{b}_4 \end{cases} \qquad (3.12)$$

$$\begin{bmatrix} 1 & \overset{(1)}{a}_{12} & \overset{(1)}{a}_{13} & \overset{(1)}{a}_{14} \\ 0 & 1 & \overset{(2)}{a}_{23} & \overset{(2)}{a}_{24} \\ 0 & 0 & 1 & \overset{(3)}{a}_{34} \\ 0 & 0 & 0 & \overset{(3)}{a}_{44} \end{bmatrix} \cdot \begin{bmatrix} x_1 \\ x_2 \\ x_3 \\ x_4 \end{bmatrix} = \begin{bmatrix} \overset{(1)}{b}_1 \\ \overset{(2)}{b}_2 \\ \overset{(3)}{b}_3 \\ \overset{(3)}{b}_4 \end{bmatrix} \qquad (3.13)$$

Alors : $\overset{(3)}{a}_{ij} = \overset{(2)}{a}_{ij} - \overset{(2)}{a}_{i3} \cdot \overset{(3)}{a}_{3j} \qquad \begin{Bmatrix} i = 4 \\ j = 3,4 \end{Bmatrix}$

Donc la méthode de Gauss transforme un système de matrice A plaine à un système à matrice A triangulaire supérieur par élimination successive des variables.

- **Remarque :**

Les éléments a_{11} $a_{22}^{(1)}$ $a_{33}^{(2)}$, sont appelés «Pivots» ou «éléments générateurs».

3.5. Exemples sur la méthode d'élimination de Gauss

❖ Utilisant l'élimination de Gauss résoudre les systèmes d'équations linéaires suivants:

$$\begin{cases} 2x_1 + x_2 + 4x_4 = 2 \\ -4x_1 - 2x_2 + 3x_3 - 7x_4 = -9 \\ 4x_1 + x_2 - 2x_3 + 8x_4 = 2 \\ -3x_2 - 12x_3 - x_4 = 2 \end{cases} \qquad (a)$$

$$A = \begin{bmatrix} 6 & -4 & 1 \\ -4 & 6 & -4 \\ 1 & -4 & 6 \end{bmatrix} B = \begin{bmatrix} -14 & 22 \\ 36 & -18 \\ 6 & 7 \end{bmatrix} \qquad (b)$$

- **Solutions :**

1) Système d'équations linéaires (a):

Soit à résoudre le système linéaire : $\begin{cases} 2x_1 + x_2 + 4x_4 = 2 \\ -4x_1 - 2x_2 + 3x_3 - 7x_4 = -9 \\ 4x_1 + x_2 - 2x_3 + 8x_4 = 2 \\ -3x_2 - 12x_3 - x_4 = 2 \end{cases}$

1) En posant : $A = \begin{bmatrix} 2 & 1 & 0 & 4 \\ -4 & -2 & 3 & -7 \\ 4 & 1 & -2 & 8 \\ 0 & -3 & -12 & -1 \end{bmatrix}$, $X = \begin{bmatrix} x_1 \\ x_2 \\ x_3 \\ x_4 \end{bmatrix}$ et $B = \begin{bmatrix} 2 \\ -9 \\ 2 \\ 2 \end{bmatrix}$

Le système linéaire s'écrit sous la forme matricielle suivante A·X = B :

$$\begin{bmatrix} 2 & 1 & 0 & 4 \\ -4 & -2 & 3 & -7 \\ 4 & 1 & -2 & 8 \\ 0 & -3 & -12 & -1 \end{bmatrix} \cdot \begin{bmatrix} x_1 \\ x_2 \\ x_3 \\ x_4 \end{bmatrix} = \begin{bmatrix} 2 \\ -9 \\ 2 \\ 2 \end{bmatrix}$$

2) Résolution du système par la méthode de Gauss : Partons de la matrice augmentée :

$$\left[\begin{array}{cccc|c} 2 & 1 & 0 & 4 & 2 \\ -4 & -2 & 3 & -7 & -9 \\ 4 & 1 & -2 & 8 & 2 \\ \underbrace{0 \quad -3 \quad -12 \quad -1}_{A} & & & & \underbrace{2}_{B} \end{array}\right]$$

L'élément générateur $a_{11} = 2 \neq 0$. Remplaçons la $2^{\text{ème}}$ ligne par :
ligne 2 − (− 2)× la ligne 1, en trouve :

$$\begin{bmatrix} 2 & 1 & 0 & 4 & 2 \\ 0 & 0 & 3 & 1 & -5 \\ 4 & 1 & -2 & 8 & 2 \\ 0 & -3 & -12 & -1 & 2 \end{bmatrix}$$

Remplaçons la troisième ligne par : ligne 3 − 2 × ligne 1, en aperçoit :

$$\begin{bmatrix} 2 & 1 & 0 & 4 & 2 \\ 0 & 0 & 3 & 1 & -5 \\ 0 & -1 & -2 & 0 & -2 \\ 0 & -3 & -12 & -1 & 2 \end{bmatrix}$$

Et puisque l'élément générateur a_{22} est nul, faisons une permutation entre la deuxième ligne et la troisième ligne :

$$\begin{bmatrix} 2 & 1 & 0 & 4 & 2 \\ 0 & -1 & -2 & 0 & -2 \\ 0 & 0 & 3 & 1 & -5 \\ 0 & -3 & -12 & -1 & 2 \end{bmatrix}$$

On remplace la quatrième ligne par : ligne 4 − 3 × ligne 2, en trouve :

$$\begin{bmatrix} 2 & 1 & 0 & 4 & 2 \\ 0 & -1 & -2 & 0 & -2 \\ 0 & 0 & 3 & 1 & -5 \\ 0 & 0 & -6 & -1 & 8 \end{bmatrix}$$

À l'étape suivante, nous remplaçons la $4^{\text{ème}}$ ligne par ligne 4 − (− 2) × ligne 3 :

$$\begin{bmatrix} 2 & 1 & 0 & 4 & 2 \\ 0 & -1 & -2 & 0 & -2 \\ 0 & 0 & 3 & 1 & -5 \\ 0 & 0 & 0 & 1 & -2 \end{bmatrix}$$

Nous avons abouti au système triangulaire supérieur suivant :

$$\begin{bmatrix} 2 & 1 & 0 & 4 \\ 0 & -1 & -2 & 0 \\ 0 & 0 & 3 & 1 \\ 0 & 0 & 0 & 1 \end{bmatrix} \cdot \begin{bmatrix} x_1 \\ x_2 \\ x_3 \\ x_4 \end{bmatrix} = \begin{bmatrix} 2 \\ -2 \\ -5 \\ -2 \end{bmatrix}$$

D'où on tire les équations :

$$\begin{cases} x_4 = -2 \\ 3x_3 + x_4 = -5 \\ -x_2 + 2x_3 = -2 \\ 2x_1 + x_2 + 4x_4 = 2 \end{cases}$$

La solution du système est :

$$x_1 = 3 \qquad x_2 = 4 \qquad x_3 = -1 \qquad x_4 = -2$$

2) Système d'équations linéaires (b):

Soit à résoudre le système linéaire :

$$A = \begin{bmatrix} 6 & -4 & 1 \\ -4 & 6 & -4 \\ 1 & -4 & 6 \end{bmatrix}, \; B = \begin{bmatrix} -14 & 22 \\ 36 & -18 \\ 6 & 7 \end{bmatrix}$$

La matrice augmentée est :

$$\left[\begin{array}{ccc|cc} 6 & -4 & 1 & -14 & 22 \\ -4 & 6 & -4 & 36 & -18 \\ 1 & -4 & 6 & 6 & 7 \end{array}\right]$$

Elimination 1 :

{ligne(2)-(-2/3).ligne(1)} → Nouvelle ligne(2)
{ligne(3)-(1/6).ligne(1)} → Nouvelle ligne(3)

$$\left[\begin{array}{ccc|cc} 6 & -4 & 1 & -14 & 22 \\ 0 & 10/3 & -10/3 & 80/3 & -10/3 \\ 0 & -10/3 & 35/6 & 25/3 & 10/3 \end{array}\right]$$

Elimination 2 :

{ligne(3)-(-1).ligne(2)} → Nouvelle ligne(3)

$$\left[\begin{array}{ccc|cc} 6 & -4 & 1 & -14 & 22 \\ 0 & 10/3 & -10/3 & 80/3 & -10/3 \\ 0 & 0 & 5/2 & 35 & 0 \end{array}\right]$$

La solution du système est :

$$x_{11} = 10 \quad x_{21} = 22 \quad x_{31} = 14$$

Et

$$x_{12} = 3 \quad x_{22} = -1 \quad x_{32} = 0$$

3.6. Méthode Itérative de Gauss-Seidel

La méthode de Gauss-Seidel est fondée sur la simple constatation selon laquelle le calcul de $\overset{(k+1)}{x_2}$ nécessite l'utilisation de $\overset{(k)}{x_1}, \overset{(k)}{x_3}, \ldots, \overset{(k)}{x_n}$ provenant de l'itération précédente. Or, a l'itération k + 1, au moment du calcul de $\overset{(k+1)}{x_2}$, on possède déjà une meilleure approximation de x_1 que $\overset{(k)}{x_i}$, a savoir $\overset{(k+1)}{x_1}$.

De même, au moment du calcul de $\overset{(k+1)}{x_3}$, on peut utiliser $\overset{(k+1)}{x_1}$ et $\overset{(k+1)}{x_2}$. Plus généralement, pour le calcul de $\overset{(k+1)}{x_i}$, on peut utiliser $\overset{(k+1)}{x_1}, \overset{(k+1)}{x_2}, \ldots, \overset{(k+1)}{x_{i-1}}$ déjà calcules et les $\overset{(k)}{x_{i+1}}, \overset{(k)}{x_{i+2}}, \ldots, \overset{(k)}{x_n}$ l'itération précédente **[18, 19]**.

La méthode de Gauss-Seidel transforme un système (3.3) à un système (3.14) comme suit :

$$\begin{cases} \overset{(k+1)}{x_1} = \left(b_1 - \left(a_{12}\overset{(k)}{x_2} + a_{13}\overset{(k)}{x_3} + a_{14}\overset{(k)}{x_4}\right)\right) \big/ a_{11} \\ \overset{(k+1)}{x_2} = \left(b_2 - \left(a_{21}\overset{(k+1)}{x_1} + a_{23}\overset{(k)}{x_3} + a_{24}\overset{(k)}{x_4}\right)\right) \big/ a_{22} \\ \overset{(k+1)}{x_3} = \left(b_3 - \left(a_{31}\overset{(k+1)}{x_1} + a_{32}\overset{(k+1)}{x_2} + a_{34}\overset{(k)}{x_4}\right)\right) \big/ a_{33} \\ \overset{(k+1)}{x_4} = \left(b_4 - \left(a_{41}\overset{(k+1)}{x_1} + a_{42}\overset{(k+1)}{x_2} + a_{43}\overset{(k+1)}{x_3}\right)\right) \big/ a_{44} \end{cases} \qquad (3.14)$$

Le principe de la méthode de Gauss-Seidel consistant à utiliser un vecteur Estimé (Initial) $\overset{0}{x} = (\overset{(0)}{x_1}, \overset{(0)}{x_2}, \overset{(0)}{x_3}, \overset{(0)}{x_4})$ de la solution exacte et on essaye d'améliorer cette solution par la suite :

$\overset{(k+1)}{x} = F(\overset{(k)}{x_1}, \overset{(k)}{x_2}, \overset{(k)}{x_3}, \overset{(k)}{x_4})$, avec $x = [x_1, x_2, x_3, x_4]^T$ jusqu'à où $|\overset{(k+1)}{x} - \overset{(k)}{x}| < \varepsilon$.

3.7. Exemple sur la méthode de Gauss-Seidel

❖ Par la méthode de Gauss-Seidel résoudre les systèmes d'équations suivants:

$$\begin{cases} 4x_1 - x_2 + x_3 = 7 \\ -4x_1 + 8x_2 - x_3 = 21 \\ -2x_1 + x_2 + 5x_3 = 15 \end{cases}$$

- **Solution :**

Soit à résoudre le système linéaire : $\begin{cases} 4x_1 - x_2 + x_3 = 7 \\ -4x_1 + 8x_2 - x_3 = 21 \\ -2x_1 + x_2 + 5x_3 = 15 \end{cases}$

Avec la solution estimée : $x^0 = \begin{bmatrix} 1 \\ 2 \\ 2 \end{bmatrix}$ et « ε » erreur 10^{-4}.

$$\begin{cases} x_1 = (7 - (-x_2 + x_3))/4 \\ x_2 = (21 - (-4x_1 - x_3))/8 \\ x_3 = (15 - (-2x_1 + x_2))/5 \end{cases}$$

$$x^0 = \begin{bmatrix} 1 \\ 2 \\ 2 \end{bmatrix} \rightarrow x^1 = \begin{bmatrix} 1.7500 \\ 3.7500 \\ 2.9500 \end{bmatrix} \rightarrow x^2 = \begin{bmatrix} 1.9500 \\ 3.9688 \\ 2.9863 \end{bmatrix} \rightarrow x^3 = \begin{bmatrix} 1.9956 \\ 3.9961 \\ 2.9990 \end{bmatrix} \rightarrow x^4 = \begin{bmatrix} 1.9993 \\ 3.9995 \\ 2.9998 \end{bmatrix}$$

$$\rightarrow x^5 = \begin{bmatrix} 1.9999 \\ 3.9999 \\ 3.0000 \end{bmatrix} \rightarrow x^6 = \begin{bmatrix} 2.0000 \\ 4.0000 \\ 3.0000 \end{bmatrix} \rightarrow x^7 = \begin{bmatrix} 2.0000 \\ 4.0000 \\ 3.0000 \end{bmatrix}$$

3.8. Applications par code MATLAB sur les méthodes numériques de la résolution d'un Système d'Équations Linéaires

3.8.1. Applications pour valider les programmes

1) Former la matrice augmentée

$$\left[\begin{array}{ccc|c} 2 & 1 & 2 & 10 \\ 6 & 4 & 0 & 26 \\ 8 & 5 & 1 & 35 \end{array}\right]$$

2) Former la matrice Triangulaire Supérieur utilisant d'Elimination de Gauss :

$$\left[\begin{array}{ccc|c} \boxed{2} & 1 & 2 & 10 \\ 6 & 4 & 0 & 26 \\ 8 & 5 & 1 & 35 \end{array}\right] \rightarrow \left[\begin{array}{ccc|c} 2 & 1 & 2 & 10 \\ 0 & \boxed{1} & -6 & -4 \\ 0 & 1 & -7 & -5 \end{array}\right] \rightarrow \left[\begin{array}{ccc|c} 2 & 1 & 2 & 10 \\ 0 & 1 & -6 & -4 \\ 0 & 0 & -1 & -1 \end{array}\right]$$

3) Calculer les éléments du vecteur X :

$$x_1 = \frac{10-(1)(2)-(2)(1)}{2} = 3 \ ; \ x_2 = \frac{-4-(-6)(1)}{1} = 2 \ ; \ x_3 = \frac{-1}{-1} = 1.$$

3.8.2. Application MATLAB de la méthode d'élimination de Gauss

3.8.2.1. Algorithme de la méthode d'élimination de Gauss

Etape 1 Donner : A•X=B → A(n×n), B(n×1) ;

Etape 2 Former la matrice augmentée AB(n×n+1) : AB = [A|B] ;

Etape 3 Former la matrice Triangulaire Supérieur utilisant d'Elimination de Gauss :

k= 1, ..., n-1
 i= k+1, ..., n-1
  j=1, ..., n

$$AB_{ij} = AB_{ij} - AB_{ik} \cdot AB_{kj} / AB_{kk}$$

Etape 4 Dissocier la matrice Triangulaire Supérieur finale AB = [a|b] à : a(n×n) et b(n×1)) ;

Etape 5 Calculer les éléments du vecteur X :

k = n-1, ..., 1
 j = k+1, ..., n-1

$$b_k = b_k - a_{kj} \cdot b_j / a_{kk}$$

Etape 6 Afficher X.

3.8.2.2. Programme MATLAB de la méthode d'élimination de Gauss

1) Programme MATLAB généralisé :

```
clear all;close all;clc
A=[2 1 2;6 4 0;8 5 1] % La matrice A
B=[10;26;35]                % Le vecteur B

AB=[A B]                          % La matrice augmentée AB
n = length(AB);             % La taille de AB
for k=1:n-1
  for i=k+1:n-1
  j=1:n;
    if AB(k,k)~=0;  % Former la matrice Triangulaire
      % Supérieur utilisant d'Elimination                          % de Gauss
     AB(i,j) = AB(i,j) - AB(i,k)*AB(k,j)/AB(k,k);
    else
      AB([k k+1],:) = AB([k+1 k],:); % Pivotation des
                                     % lignes
    end
  end
end
AB

% Dissocier la matrice Triangulaire Supérieur finale AB :
a=AB(:,1:n-1);
b=AB(:,n);

% Calculer les éléments du vecteur X

for k = n-1:-1:1
   j = k+1:n-1
   b(k) = (b(k) - a(k,j)*b(j))/a(k,k);
end
x = b;
x              %Affichage de X
```

2) Programme MATLAB utilisant le fichier fonction:

- Fichier :eliminGauss.m

```
function [x] = eliminGauss (A, B)

AB=[A B]                          % La matrice augmentée AB
n = length(AB);             % La taille de AB
for k=1:n-1
  for i=k+1:n-1
  j=1:n;
```

```
      if AB(k,k)~=0;  % Former la matrice Triangulaire
         % Supérieur utilisant d'Elimination                          % de Gauss
        AB(i,j) = AB(i,j) - AB(i,k)*AB(k,j)/AB(k,k);
      else
         AB([k k+1],:) = AB([k+1 k],:); % Pivotation des
                                        % lignes
      end
   end
end
AB
% Dissocier la matrice Triangulaire Supérieur finale AB
a=AB(:,1:n-1);
b=AB(:,n);

% Calculer les éléments du vecteur X
for k = n-1:-1:1
   j = k+1:n-1
   b(k) = (b(k) - a(k,j)*b(j))/a(k,k);
end
x = b;
x              %Affichage de X
```

3.8.3. Application MATLAB de la méthode de Gauss-Seidel

3.8.3.1. Algorithme de la méthode de Gauss-Seidel

Etape 1 Donner : $A \bullet X=B \rightarrow A(n\times n), B(n\times 1)$;
$X^0 = [X_1^0, X_2^0, X_3^0, ..., X_n^0]^T$; ε.

Etape 2 Calculer les éléments du vecteur X :

Tant que $(|x_i^{new} - x_i^{old}|<\varepsilon)$

$$x_i^{new} = \frac{b_i - \sum_{j=1}^{i-1} a_{ij} \cdot x_j^{new} - \sum_{j=1+1}^{n} a_{ij} \cdot x_i^{old}}{a_{ii}}$$

Fin

Etape 3 Afficher X.

3.8.3.2. Programme MATLAB de la méthode de Gauss-Seidel

```
clear all;close all;clc
A=[4 -1 1; -4 8 -1; -2 1 5]     % La matrice A
B=[ 7; 21; 15]                           % Le vecteur B
x=[0;0;0]      % La solution estimée ou vecteur initial x

n=length(x)
for k=1:100               % Nbr des itérations
   for i=1:n
```

```
% calcul des éléments supérieurs
        if i==1
  x(i)=(B(i)-(A(i,2:n)*x(2:n)))/A(i,i)
% calcul des éléments inferieurs
    elseif i==n
  x(i)=(B(i)-(A(i,1:n-1)*x(1:n-1)))/A(i,i)
    else
% calcul des éléments diagonaux
  x(i)=(B(i)-(A(i,1:i-1)*x(1:i-...
                        1)+(A(i,i+1:n)*x(i+1:n))))/A(i,i)
    end
  end
end
```

4.1. Introduction

Il s'agit d'un problème d'interpolation, dont la solution est relativement simple. Il suffit de construire un polynôme de degré suffisamment élevé dont la courbe passe par les points de collocation. On parle alors du polynôme de collocation ou polynôme d'interpolation. Pour obtenir une approximation des dérivées ou de l'intégrale, il suffit de dériver ou d'intégrer le polynôme de collocation. El y a cependant des éléments fondamentaux qu'il est important d'étudier. En premier lieu, il convient de rappeler certains résultats cruciaux relatifs aux polynômes, que nous ne démontrons pas **[20]**.

Les fonctions les plus faciles à évaluer numériquement sont les fonctions polynômes. Il est donc important de savoir approximer une fonction arbitraire par des polynômes.

Étant donnés n + 1 couples de réels (x_i , y_i), il s'agit de trouver une fonction f telle que $f(x_i) = y_i$ pour i = 0, . . . , n. f peut être un polynôme (par interpolation), un polynôme trigonométrique ou une fonction régulière polynômiale par morceaux (spline). On désigne par l'espace des polynômes de degré inférieur ou égal à k ainsi que l'espace des fonctions polynômiales correspondantes **[20, 21]**.

4.2. Généralités

Le problème de l'interpolation consiste à chercher des fonctions (polynômes) passant par des points donnés : (x_0, y_0), (x_1, y_1), ..., (x_n, y_n) c.-à-d., on cherche $p(x)$ avec $p(x_i) = y_i$ pour $i = 1,2,....n$. Si les valeurs de y_i satisfont $y_i = f(x_i)$ où $f(x)$ est une fonction donnée, il est intéressant d'étudier l'erreur de l'approximation : $f(x) - p(x) = \text{erreur}$ (Problème de l'interpolation) **[15]**.

Un polynôme de degré *n* dont la forme générale est:

$$p_n(x) = a_0 + a_1 x + a_2 x^2 + a_3 x^3 + ... + a_n x^n \tag{4.1}$$

Possède très exactement n racines qui peuvent être réelles ou complexes conjuguées.
Les données $\rightarrow (x_0, y_0 = f(x_0)), (x_1, y_1 = f(x_1)), ..., (x_i, y_i = f(x_i))$.
La solution recherchée $\rightarrow$ $p_n(x)$ tel que $p_n(x_i) = f(x_i); \quad i = 0,1,...,n$.

4.3. Matrice de Vandermonde

Le problème d'interpolation consiste donc a déterminer l'unique polynôme de degré n passant par les (n+1) points de collocation $(x_i, y_i = f(x_i))$ pour i = 0,1,…, n). Il reste maintenant a le construire de la manière la plus efficace et la plus générale possible **[15, 22]**. Une première tentative consiste à déterminer les inconnues a_i du polynôme (4.1) en vérifiant directement les (n+1) équations de collocation :

$$p_n(x_i) = f(x_i), \quad i = 0,1,...,n \tag{4.2}$$

Ou encore :

$$f(x_i) = a_0 + a_1 x_i + a_2 x_i^2 + a_3 x_i^3 + ... + a_n x_i^n = \sum_{i=0}^{n} a_i x^i \quad ; \quad i = 0,1,...,n \tag{4.3}$$

qui est un système linéaire de (n+1) équations en (n+1) inconnues. Ce système s'écrit sous forme matricielle:

$$\underbrace{\begin{bmatrix} 1 & x_0 & x_0^2 & x_0^3 & \cdots & x_0^n \\ 1 & x_1 & x_1^2 & x_1^3 & \cdots & x_1^n \\ 1 & x_2 & x_2^2 & x_2^3 & \cdots & x_2^n \\ \vdots & \vdots & \vdots & \vdots & \ddots & \vdots \\ 1 & x_n & x_n^2 & x_n^3 & \cdots & x_n^n \end{bmatrix}}_{\text{Matrice de Vandermonde}} \cdot \begin{bmatrix} a_0 \\ a_1 \\ a_2 \\ \vdots \\ a_n \end{bmatrix} = \begin{bmatrix} f(x_0) \\ f(x_1) \\ f(x_2) \\ \vdots \\ f(x_n) \end{bmatrix} \tag{4.4}$$

La matrice de ce système linéaire porte le nom de matrice de Vandermonde. On peut montrer que le conditionnement de cette matrice augmente fortement avec la taille (n+1) du système. De plus, comme le révèlent les sections qui suivent, il n'est pas nécessaire de résoudre un système linéaire pour calculer un polynôme d'interpolation. Cette méthode est donc rarement utilisée.

4.4. Interpolation de Lagrange

L'interpolation de Lagrange est une façon simple et systématique de construire un polynôme de collocation **[15]**.

Etant donne (n+1) points $(x_i, y_i = f(x_i))$ pour i = 0,1,..., n), on suppose un instant que l'on sait construire (n+1) polynômes $L_i(x)$ de degré n et satisfaisant les conditions suivantes :

$$\begin{aligned} L_i(x_i) &= 1 \quad \forall i \\ L_i(x_j) &= 0 \quad \forall j \neq i \end{aligned} \tag{4.5}$$

Cela signifie que le polynôme $L_i(x)$ de degré n prend la valeur 1 en x_i et s'annule a tous les autres points de collocation. Nous verrons comment construire les $L_i(x)$ un peu plus loin. Dans ces conditions, la fonction $L(x)$ définie par :

$$L(x) = \sum_{i=0}^{n} f(x_i) \cdot L_i(x) \tag{4.6}$$

est un polynôme de degré n, car chacun des $L_i(x)$ est de degré n. De plus, ce polynôme passe par les (n+1) points de collocation et est donc le polynôme recherche. En effet, il est facile de montrer que selon les conditions (4.5):

$$L(x_j) = f(x_j) \cdot L_j(x_j) + \sum_{\substack{i=0 \\ i \neq j}}^{n} f(x_i) \cdot L_i(x_j) \tag{4.7}$$

Le polynôme $L(x)$ passe donc par tous les points de collocation. Puisque ce polynôme est unique, $L(x)$ est bien le polynôme recherche. Il reste à construire les fonctions $L_i(x)$. Suivons une démarche progressive.

Soient $x_0, x_1, ..., x_n$: (n+1) points distincts et « f » une fonction dont les valeurs en ces points sont : $f(x_0), f(x_1), ..., f(x_n)$. Alors il existe un seul polynôme de degré inferieur ou égal à n tel que : $f(x_i) = p_n(x_i), \quad i = 0,1,...,n$.
Ce polynôme est donné par :

$$P_n(x) = f(x_0) \cdot L_0(x) + f(x_1) \cdot L_1(x) + ... + f(x_n) \cdot L_n(x) \tag{4.8}$$

$$P_n(x) = \sum_{i=0}^{n} f(x_i) \cdot L_i(x), \quad i = 0,1,...,n \tag{4.9}$$

Où :

$$\begin{aligned} L_i(x) &= \frac{[(x - x_0)...(x - x_{i-1})][(x - x_{i+1})...(x - x_n)]}{[(x_i - x_0)...(x_i - x_{i-1})][(x_i - x_{i+1})...(x_i - x_n)]} \\ &= \prod_{\substack{j=0 \\ j \neq i}}^{n} \frac{(x - x_j)}{(x_i - x_j)} \end{aligned} \tag{4.10}$$

4.5. Polynôme de Newton

Lorsqu'on écrit l'expression générale d'un polynôme, on pense immédiatement à la forme (4.1), qui est la plus utilisée **[15, 23]**. Il en existe cependant d'autres qui sont plus appropriées au cas de l'interpolation, par exemple:

$$\begin{aligned} p_n(x) = a_0 & \\ &+ a_1(x - x_0) \\ &+ a_2(x - x_0)(x - x_1) \\ &+ a_3(x - x_0)(x - x_1)(x - x_2) \\ &\vdots \\ &+ a_n(x - x_0)(x - x_1)(x - x_2)\cdots(x - x_{n-1}) \end{aligned} \tag{4.11}$$

Calcul des a_n : méthode des **différences divisées.**

Les $n^{éme}$ différences divisées de la fonction $f(x)$ sont définies à partir de la façon suivante:

$$f[x_0, x_1, x_2, \cdots, x_n] = \frac{f[x_1, x_2, \cdots, x_n] - f[x_0, x_1, x_2, \cdots, x_{n-1}]}{(x_n - x_0)} \tag{4.12}$$

Tableau 4.1 : Calcul des différences divisées.

x_i	$f(x_i)$	$f[x_i,x_{i+1}]$	$f[x_i,x_{i+1},x_{i+2}]$	$f[x_i,x_{i+1},x_{i+2},x_{i+3}]$
x_0	$f(x_0)$			
		$f[x_0,x_1]$		
x_1	$f(x_1)$		$f[x_0,x_1,x_3]$	
		$f[x_1,x_2]$		$f[x_0,x_1,x_2,x_3]$
x_2	$f(x_2)$		$f[x_1,x_2,x_3]$	
		$f[x_2,x_3]$		
x_3	$f(x_3)$			

4.6. Exemple d'application

❖ On doit calculer le polynôme passant par les 4points (0, 1), (1, 2), (2, 9) et (3, 28) utilisant :

1) La Matrice de Vandermonde.
2) L'interpolation de Lagrange.
3) Le Polynôme de Newton.

- **Solutions :**

1) Par la Matrice de Vandermonde:

On doit calculer le polynôme figure 4.1 passant par les points (0, 1), (1, 2), (2, 9) et (3, 28). Etant donne ces 4 points, les coefficients a_i sont les solutions de :

$$\underbrace{\begin{bmatrix} 1 & x_0 & x_0^2 & x_0^3 & \cdots & x_0^n \\ 1 & x_1 & x_1^2 & x_1^3 & \cdots & x_1^n \\ 1 & x_2 & x_2^2 & x_2^3 & \cdots & x_2^n \\ \vdots & \vdots & \vdots & \vdots & \ddots & \vdots \\ 1 & x_n & x_n^2 & x_n^3 & \cdots & x_n^n \end{bmatrix}}_{\text{Matrice de Vandermonde}} \cdot \begin{bmatrix} a_0 \\ a_1 \\ a_2 \\ \vdots \\ a_n \end{bmatrix} = \begin{bmatrix} f(x_0) \\ f(x_1) \\ f(x_2) \\ \vdots \\ f(x_n) \end{bmatrix} \equiv \underbrace{\begin{bmatrix} 1 & 0 & 0 & 0 \\ 1 & 1 & 1 & 1 \\ 1 & 2 & 4 & 8 \\ 1 & 3 & 9 & 27 \end{bmatrix}}_{\text{Matrice de Vandermonde}} \cdot \begin{bmatrix} a_0 \\ a_1 \\ a_2 \\ a_4 \end{bmatrix} = \begin{bmatrix} 1 \\ 2 \\ 9 \\ 28 \end{bmatrix}$$

dont la solution (par Elimination de Gauss (chapitre 3)) est a = [1 0 0 1]^T. Le polynôme recherche est donc : $P_3(x) = 1 + x^3$.

2) Par l'interpolation de Lagrange:

- Le polynôme passant par les points (0, 1), (1, 2), (2, 9) et (3, 28) est :

$$P_3(x) = 1\frac{(x-1)(x-2)(x-3)}{(0-1)(0-2)(0-3)} + 2\frac{(x-0)(x-2)(x-3)}{(1-0)(1-2)(1-3)}$$

$$+9\frac{(x-0)(x-1)(x-3)}{(2-0)(2-1)(2-3)} + 28\frac{(x-0)(x-1)(x-2)}{(3-0)(3-1)(3-2)} \quad = 1 + x^3$$

3) Par le Polynôme de Newton:

- Le polynôme de la figure 4.1 passant par les points (0, 1), (1, 2), (2, 9) et (3, 28) est (voir tableau 4.1):

x_i	$f(x_i)$	$f[x_i,x_{i+1}]$	$f[x_i,x_{i+1},x_{i+2}]$	$f[x_i,x_{i+1},x_{i+2},x_{i+3}]$
0	1			
		1		
1	2		3	
		7		1
2	9		6	
		19		
3	28			

$$p_3(x) = 1 + 1(x-0) + 3(x-0)(x-1) + 1(x-0)(x-1)(x-2) = x^3 + 1$$

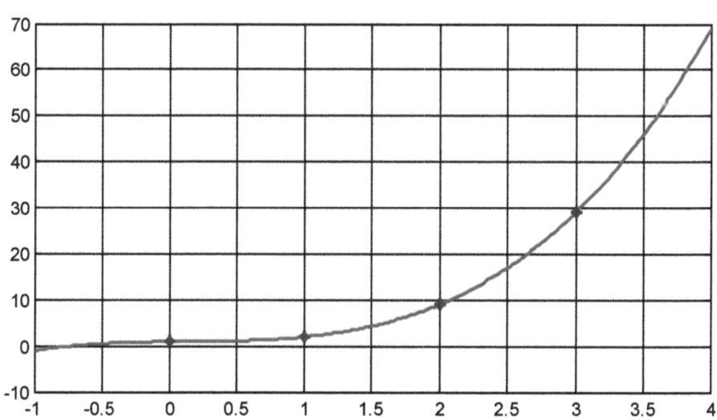

Figure 4.1 : Courbe du polynôme $p_3(x) = x^3 + 1$.

- Le polynôme de la figure 4.2 passant par les points (2, 1), (0, -1), (5, 10) et (3, -4) (voir tableau 4.1):

x_i	$f(x_i)$	$f[x_i,x_{i+1}]$	$f[x_i,x_{i+1},x_{i+2}]$	$f[x_i,x_{i+1},x_{i+2},x_{i+3}]$
2	1			
		1		
0	-1		0.4	
		2.2		1.2
5	10		1.6	
		7		
3	-4			

$$p_3(x) = 1 + 1(x-2) + 0.4(x-2)(x-0) + 1.2(x-2)(x-0)(x-5)$$
$$= 1.2x^3 - 8x^2 + 2.2x - 1$$

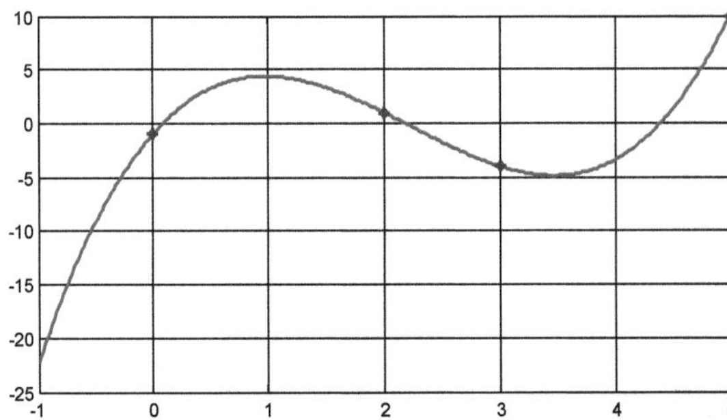

Figure 4.2 : Courbe du polynôme $p_3(x) = 1.2x^3 - 8x^2 + 2.2x - 1$.

4.7. Applications par code MATLAB sur les méthodes de calcul numériques de l'interpolation polynômiale

4.7.1. Applications pour valider les programmes

On doit calculer le polynôme (figure 4.1) passant par les points (0, 1), (1, 2), (2, 9) et (3, 28). Le polynôme recherche est donc: $a = [1\ \ 0\ \ 0\ \ 1]^T \equiv P_3(x) = x^3 + 1$

4.7.2. Application MATLAB de la matrice de Vandermonde

4.7.2.1. Algorithme de la matrice de Vandermonde

Etape 1 Donner : $x = [x_0, x_1, x_2, \cdots, x_n]$ et $y = [y_0, y_1, y_2, \cdots, y_n]$.

Etape 2 Former la matrice Vandermonde : $\begin{bmatrix} 1 & x_0 & x_0^2 & x_0^3 & \cdots & x_0^n \\ 1 & x_1 & x_1^2 & x_1^3 & \cdots & x_1^n \\ 1 & x_2 & x_2^2 & x_2^3 & \cdots & x_2^n \\ \vdots & \vdots & \vdots & \vdots & \ddots & \vdots \\ 1 & x_n & x_n^2 & x_n^3 & \cdots & x_n^n \end{bmatrix}$.

Etape 3 Utilisant la méthode d'Elimination de Gauss trouvé le polynôme requis.

Etape 4 Tracer la fonction (polynôme) et positionner les points (x, y).

4.7.2.2. Programme MATLAB de la matrice de Vandermonde

```
clear all; close all; clc

x=[0 1 2 3]     % Données : x = [x0 x1 ... xn].
y=[1 2 9 28]    % y = [y0 y1 ... yn].

n=length(x);    % La taille de la matrice de Vandermonde.
V=ones(n);      % Former & remplir par « for » la matrice de Vandermonde.
        for j=1:n-1
```

```
        V(:,j+1)=x.^j;
    end
    V
% Calculer en utilisant « Elimination de Gauss » le polynôme P(x).
[P] = elimgauss(V,y')

% Tracer la fonction (polynôme) et positionner les points (x, y).

xx = [0:0.02:3]; yy = polyval(P,xx);
plot(xx,yy,'r',x,y,'*'), grid
```

4.7.3. Application MATLAB de l'interpolation de Lagrange

4.7.3.1. Algorithme de l'interpolation de Lagrange

Etape 1 Donner : $x = [x_0, x_1, x_2, \cdots, x_n]$ et $y = [y_0, y_1, y_2, \cdots, y_n]$.

Etape 2 Calculer les polynômes de Lagrange $L_i(x)$ par la formule suivante :

$$L_i(x) = \prod_{\substack{j=0 \\ j \neq i}}^{n} \frac{(x - x_j)}{(x_i - x_j)}$$

Etape 3 Calculer le polynôme requis tel que :

$$P_n(x) = \sum_{i=0}^{n} f(x_i) \cdot L_i(x), \quad i = 0,1,\ldots,n$$

Etape 4 Tracer la fonction (polynôme) et positionner les points (x, y).

4.7.3.2. Programme MATLAB de l'interpolation de Lagrange

1) Programme principal généralisé :

```
clear all; close all; clc

x=[0 1 2 3]    % Données : x = [x0 x1 ... xn].
y=[1 2 9 28]    % y = [y0 y1 ... yn].

%Calculer en utilisant la fonction « lagrange.m » les %coefficients de Lagrange « Li(x)» et le polynôme « f(x)»

[L,f] = lagrange (x,y)

% Tracer la fonction (polynôme) →(f) et positionner les points (x, y).
xx = [0: 0.02 : 3];yy = polyval(f,xx);
plot(xx,yy,'r', x,y,'*'),grid
```

2) Programme MATLAB du fichier fonction:

- Fichier : lagrange.m

```
function [L,f] = lagrange(x,y)

n = length(x);

% Calculer les coefficients de Lagrange « Li(x)» →(L).
f = 0;
for i = 1:n
P = 1;
   for k = 1:n
      if k ~= i
% c=conv(a,b) : c Le produit convolution entre le polynôme
% a et le polynôme b.

                P = conv(P,[1 -x(k)])/(x(i)-x(k));

      end
   end
L(i,:) = P ; % Afficher les polynômes de Lagrange « Li(x)»
f = f + y(i)*P ; % Calculer le polynôme requis « f(x) »
end
```

4.7.4. Application MATLAB du polynôme de Newton

4.7.4.1. Algorithme du polynôme de Newton

Etape 1 Donner : $x = [x_0, x_1, x_2, \cdots, x_n]$ et $y = [y_0, y_1, y_2, \cdots, y_n]$.

Etape 2 Calculer les coefficients a_n utilisant la table des différences divisées par la formule suivante :

$$f[x_0, x_1, x_2, \cdots, x_n] = \frac{f[x_1, x_2, \cdots, x_n] - f[x_0, x_1, x_2, \cdots, x_{n-1}]}{(x_n - x_0)}$$

Etape 3 Calculer le polynôme requis tel que :

$$\begin{aligned} p_n(x) = \ & a_0 \\ & + a_1(x - x_0) + a_2(x - x_0)(x - x_1) \\ & + a_3(x - x_0)(x - x_1)(x - x_2) \\ & + \cdots \\ & + a_n(x - x_0)(x - x_1)(x - x_2)\cdots(x - x_{n-1}) \end{aligned}$$

Etape 4 Tracer la fonction (polynôme) et positionner les points (x, y).

4.7.4.2. Programme MATLAB du polynôme de Newton

1) Programme principal généralisé :

```
x=[0 1 2 3]     % Données : x = [x0 x1 ... xn].
y=[1 2 9 28]    % y = [y0 y1 ... yn].

%Calculer par la fonction « newton.m » les coefficients %« an » utilisant la table des différences divisées.
%Calculer le polynôme requis «P(x)»

[DD,P] = newton (x,y)

% Tracer la fonction (polynôme) →(P) et positionner les    % points (x, y).

xx = [0:0.02:5]; yy = polyval(P,xx);
plot(xx,yy,'r',x,y,'*'), grid
```

2) Programme MATLAB du fichier fonction:

- Fichier : newton.m

```
function [DD,P] = newton(x,y)

n = length(x);
% Calculer les coefficients différences divisées « an »

DD = zeros(n);
DD(1:n,1) = y';
for k = 2:n
   for m = 1: n+1-k
      DD(m,k) = (DD(m+1,k-1) - DD(m,k-1))/(x(m+k-1)- x(m));
   end
end

% Calculer le polynôme requis «P(x)»
a = DD(1,:);
P = a(n);
for k = n-1:-1:1
   P = [P a(k)] - [0 P*x(k)];
end
```

5.1. Introduction

L'objet de ce chapitre est de décrire quelques méthodes numériques (Newton-Cotes, Trapèzes généralisée, Simpson généralisée) permettant d'évaluer des intégrales de fonctions dont les valeurs sont connues en un nombre fini de points **[24]**.

Dans la pluparts des problèmes rencontrés par les ingénieurs, il est souvent difficile de calculer l'intégrale $\int_a^b f(x)dx$, où soit la fonction primitive n'existe pas, soit elle est très compliquer, où bien la fonction $f(x)$ est donnée sous forme tabulée c.-à-d. $f(x)$ n'est connue seulement en quelque points $(x_i, y_i)_{i=0,1,\ldots,n}$ (cas des expériences aux labos). Les mêmes problèmes se posent par le calcul des intégrales multiples. Pour ces raisons on remède à l'utilisation de l'Intégration Numérique (approchée) **[25]**.

5.2. Définitions

L'intégration numérique est basée principalement sur la relation **[24, 25]**:

$$\int_{x_0}^{x_n} f(x)dx = \int_{x_0}^{x_n} P_n(x)dx + \int_{x_0}^{x_n} E_n(x)dx \tag{5.1}$$

où $P_n(x)$ est un polynôme d'interpolation et $E_n(x)$ est l'erreur qui y est associée.

La façon la plus simple d'approchée un intégrale $\int_a^b f(x)dx$ est de remplacer la fonction $f(x)$ par un polynôme $P_n(x)$ qui passe par les points $(x_i, y_i)_{i=0,1,\ldots,n}$ avec $y_i = f(x_i)$.

L'intégration numérique consiste à remplacer l'intégrale $\int_a^b f(x)dx$, par plusieurs valeurs de la fonction à intégrer c.-à-d. par une somme polynômiale.

5.3. Calcul de l'intégrale par la formule de Newton-Côtes

Soit $f(x)$ une fonction continue sur [a, b] choisi sous des points $x_{i\ (i=0,1,\ldots,n)}$ équidistants dans le segment [a, b] et soit $y_i = f(x_i)_{i=0,1,\ldots,n}$ les valeurs de $f(x)$ en ces points **[24, 26]**.

Donc l'intégrale peut être approximer par la formule de Newton-Côtes:

$$\int_a^b f(x)dx \approx (b-a)\sum_{i=0}^{n} H_i \cdot f(x_i) \tag{5.2}$$

avec : $H_i = \dfrac{(-1)^{n-i}}{n!(n-i)!}\displaystyle\int_0^n \frac{q(q-1)(q-2)\cdots(q-n)}{q-i}\,dq \qquad i = 0,1,2,\cdots,n$

où : H_i les coefficients de Côtes,

$$H_i = H_{n-i} \tag{5.3}$$

et

$$\sum_{i=0}^{n} H_i = 1 \tag{5.4}$$

Avec : $h = \dfrac{b-a}{n}$ (le pas).

Les coefficients de Côtes sont donnés dans le tableau 5.1.

Tableau 5.1 : Coefficients de Côtes pour n = 6.

n	H_0	H_1	H_2	H_3	H_4	H_5	H_6
1	1/2	1/2	–	–	–	–	–
2	1/6	4/6	1/6				
3	1/8	3/8	3/8	1/8			
4	7/90	32/90	12/90	32/90	7/90		
5	19/288	75/288	50/288	50/288	75/288	19/288	
6	41/840	216/840	27/840	272/840	27/840	216/840	41/840

Nous allons montrer que lorsque la fonction f à intégrer est suffisamment régulière, l'erreur d'intégration numérique peut s'exprimer de manière assez simple en fonction d'une certaine dérivée de f. Auparavant, nous aurons besoin de quelques rappels d'analyse.

5.4. Calcul de l'intégrale par la formule des Trapèzes généralisée

On va diviser l'intervalle [a, b] à n segments de longueur $h = \dfrac{b-a}{n}$ et soit $y_i = f(x_i)_{i=0,1,\ldots,n}$ **[15, 20, 26]**:

$$[a, b] = [x_0, x_1], [x_1, x_2], \ldots, [x_{n-1}, x_n] \tag{5.4}$$

Nous avons la formule des trapèzes généralisée : $h = x_{i+1} - x_i$

$$\begin{aligned} \int_a^b f(x)\,dx &\approx \frac{h}{2}\sum_{i=1}^{n}(y_{i-1} + y_i) + e \\ &= \frac{h}{2}[(y_0 + y_n) + 2(y_1 + y_2 + \cdots + y_{n-1})] + e \\ &= h\left(\frac{y_0 + y_n}{2} + \sum_{i=1}^{n-1} y_i\right) + e \end{aligned} \tag{5.5}$$

Le reste : $e \leq \dfrac{(b-a)^3 f''(x^*)}{12 \cdot n^2} \leq \varepsilon$ avec : $x^* \in [a,b]$.

5.5. Calcul de l'intégrale par la formule de Simpson généralisée

Soit n=2m (m nombre pair) et $y_i = f(x_i)_{i=0,1,\dots,n}$ les valeurs de $f(x)$ aux points équidistants de pas $h = \frac{b-a}{2m}$, l'intégrale peut être approximer par la formule de Simpson généralisée **[15, 25, 26]**:

$$\int_a^b f(x)\,dx \approx \frac{h}{3}\left[(y_0 + y_n) + 4(y_1 + y_3 + \cdots + y_{n-1}) + 2(y_2 + y_4 + \cdots + y_{n-2})\right] + e \tag{5.6}$$

Le reste : $e \leq \frac{(b-a)^5 f^{(4)}(x^*)}{180 \cdot n^4} \leq \varepsilon$ avec : $x^* \in [a,b]$.

5.6. Exemple d'application

Soit $f(x)$ une fonction donnée par le tableau :

x_i	0.25	0.50	0.75	1.00	1.25
$f(x_i)$	0.630	0.794	0.909	1.000	1.15

❖ Trouver une valeur approchée de l'intégrale $I = \int_{0.25}^{1.25} f(x)\,dx$, en utilisant :

1- La formule de Newton-Côtes.
2- La formule des Trapèzes généralisée.
3- La formule de Simpson généralisée.

- **<u>Solutions :</u>**

1) <u>Par la formule de Newton-Côtes :</u>

Puisque le pas d'intégration est $h = 0.25$. De la relation :

$$n = \frac{b-a}{h} \quad \Leftrightarrow \quad n = \frac{1.25 - 0.25}{0.25} = 4$$

Les coefficients de Côtes peuvent être calculés de la formule, ou peuvent être pris directement du tableau 5.1 des coefficients de Côtes. Les valeurs des coefficients où n=4 sont :

$$H_0 = H_4 = \frac{7}{90} \;; \qquad H_1 = H_3 = \frac{32}{90} \qquad \text{et} \qquad H_2 = \frac{12}{90}$$

A partir de la formule de Newton-Côtes suivante :

$$\int_a^b f(x)\,dx \approx (b-a)\sum_{i=0}^{4} H_i \cdot f(x_i)$$

$$I = \int_{0.25}^{1.25} f(x)\,dx$$

$$= (1.25 - 0.25) \times \left[\frac{7}{90}(0.63) + \frac{32}{90}(0.794) + \frac{12}{90}(0.909) + \frac{32}{90}(1) + \frac{7}{90}(1.15)\right]$$

$$= 0.89751$$

2) Par la formule des Trapèzes généralisée:

A partir de la formule des trapèzes généralisée :

$$n = \frac{b-a}{h} \quad \Leftrightarrow \quad n = \frac{1.25 - 0.25}{0.25} = 4$$

Puisque le pas d'intégration est $h = 0.25$. De la relation :

$$\int_a^b f(x)\,dx \approx h\left(\frac{y_0 + y_n}{2} + \sum_{i=1}^{3} y_i\right)$$

$$I = \int_{0.25}^{1.25} f(x)\,dx = (0.25) \times \left(\frac{0.63 + 1.15}{2} + (0.794 + 0.909 + 1)\right) = 0.89825$$

3) Par la formule de Simpson généralisée:

Puisque le pas d'intégration est $h = 0.25$. De la relation :

$$n = \frac{b-a}{h} \quad \Leftrightarrow \quad n = \frac{1.25 - 0.25}{0.25} = 4$$

A partir de la formule de Simpson généralisée :

$$\int_a^b f(x)\,dx \approx \frac{h}{3}\left[(y_0 + y_4) + 4(y_1 + y_3) + 2(y_2)\right]$$

$$I = \int_{0.25}^{1.25} f(x)\,dx = \left(\frac{0.25}{3}\right) \times \left((0.63 + 1.15) + 4 \times (0.794 + 1) + 2 \times (0.909)\right) = 0.89783$$

5.7. Applications MATLAB sur calcul numérique de l'intégrale

5.7.1. Applications pour valider les programmes

Soit $f(x)$ une fonction donnée par le tableau :

x_i	0.25	0.50	0.75	1.00	1.25
$f(x_i)$	0.630	0.794	0.909	1.000	1.15

- Trouver une valeur approchée de l'intégrale $I = \int_{0.25}^{1.25} f(x)\,dx$, en utilisant le programmes MATLAB des trois méthodes.

5.7.2. Application MATLAB de la formule de Newton-Côtes

5.7.2.1. Algorithme de la formule de Newton-Côtes

Etape 1 Donner : $x = [x_1, x_2, \cdots, x_n]$ équidistant, $y = [y_1, y_2, \cdots, y_n]$ et les coefficients de Côtes.

Etape 2 Calcul de « h » (le pas).

Etape 3 Former la formule de Newton-Côtes :

$$I = (x_n - x_1) \cdot \sum_{i=1}^{n} H_i \cdot y_i$$

Etape 4 Utilisant la formule de Newton-Côtes calculer la valeur « I » de l'intégrale requis.

5.7.2.2. Programme MATLAB de la formule de Newton-Côtes

```
clear all; close all; clc
% Les coefficients de Côtes sont donnés dans la table suivante :
H=[ 1/2    1/2    0    0    0    0    0
   1/6    4/6    1/6    0    0    0    0
   1/8    3/8    3/8    1/8    0    0    0
   7/90   32/90   12/90   32/90   7/90   0    0
   19/288  75/288  50/288  50/288  75/288  19/288  0
   41/840  216/840 27/840  272/840 27/840  216/840 41/840]

% Soit f(x) une fonction donnée par le tableau :
x=[0.25   0.50   0.75   1.00   1.25] % équidistant
y=[0.630   0.794   0.909   1.000   1.15]

n=length(x)
h=x(2)-x(1)       % h c'est le pas.
a=x(1)
b=x(n)
N=(b-a)/h         % N la valeur pour déterminer Hi.
```

```
Hi=H(N,1:N+1)      % Hi Les coefficients de Côtes suivant N.

% Calcul de l'intégrale à partir de la formule de Newton-
% Côtes :
I=(b-a)*(y*Hi')
```

5.7.3. Application MATLAB de la formule des Trapèzes généralisée

5.7.3.1. Algorithme de la formule des Trapèzes généralisée

Etape 1 Donner : $x = [x_1, x_2, \cdots, x_n]$ équidistant et $y = [y_1, y_2, \cdots, y_n]$.

Etape 2 Calcul de « h » (le pas).

Etape 3 Former la formule de Trapèzes généralisée :

$$I = h \cdot \left(\frac{y_1 + y_n}{2} + \sum_{i=2}^{n-1} y_i \right)$$

Etape 4 Utilisant la formule de Trapèzes généralisée calculer la valeur « I » de l'intégrale requis.

5.7.3.2. Programme MATLAB de la formule des Trapèzes généralisée

```
clear all; close all; clc

% Soit f(x) une fonction donnée par le tableau :
x=[0.25   0.50   0.75   1.00   1.25] % équidistant
y=[0.630   0.794  0.909   1.000   1.15]

n=length(x)
h=x(2)-x(1)       % h c'est le pas.

% Calcul de l'intégrale à partir de la formule de Trapèzes
% généralisée:
I=h*(((y(1)+y(n))/2)+sum(y(2:n-1)))
```

5.7.4. Application MATLAB de la formule de Simpson généralisée

5.7.4.1. Algorithme de la formule de Simpson généralisée

Etape 1 Donner : $x = [x_1, x_2, \cdots, x_n]$ équidistant et $y = [y_1, y_2, \cdots, y_n]$.

Etape 2 Calcul de « h » (le pas).

Etape 3 Former la formule de Simpson généralisée :

$$I = \frac{h}{3}\left[(y_1 + y_n) + 2(y_2 + y_4 + \cdots + y_{n-2}) + 4(y_3 + y_5 + \cdots + y_{n-1})\right]$$

Etape 4 Utilisant la formule de Simpson généralisée calculer la valeur « I » de l'intégrale requis.

5.7.4.2. Programme MATLAB de la formule de Simpson généralisée

```
clear all; close all; clc

% Soit f(x) une fonction donnée par le tableau :
x=[0.25   0.50  0.75  1.00  1.25] % équidistant
y=[0.630  0.794  0.909  1.000  1.15]

n=length(x)
h=x(2)-x(1)        % h c'est le pas.

% Calcul de l'intégrale à partir de la formule de Simpson   % généralisée:
I=(h/3)*((y(1)+y(n))+4*sum(y(2:2:n-1))+2*sum(y(3:2:n-2)))
```

6.1. Introduction

Il s'agit de calculer les valeurs propres de matrices carrées d'ordre « n » à coefficients réels; cependant, les méthodes proposées peuvent s'appliquer aux matrices à éléments complexes. Nous allons examiner diverses méthodes qui donnent des résultats plus ou moins intéressants selon la taille de la matrice A ou son conditionnement **[27]**.

L'équation caractéristique d'une matrice d'ordre n est un polynôme de degré n, et les racines de ce polynôme sont les valeurs propres de la matrice A.

6.2. Définitions

Soit A une matrice carrée à n lignes et n colonnes dont les éléments a_{ij} sont des nombres réels.

L'équation caractéristique de la matrice A est un polynôme de degré n, et les racines de ce polynôme sont les valeurs propres de la matrice A.

Le problème est donc la résolution de l'équation caractéristique ou séculaire:

$$A \cdot X = \lambda \cdot X \tag{6.1}$$

où X s'appelle vecteur propre et λ valeur propre.

Déterminant pour une matrice 3×3 :

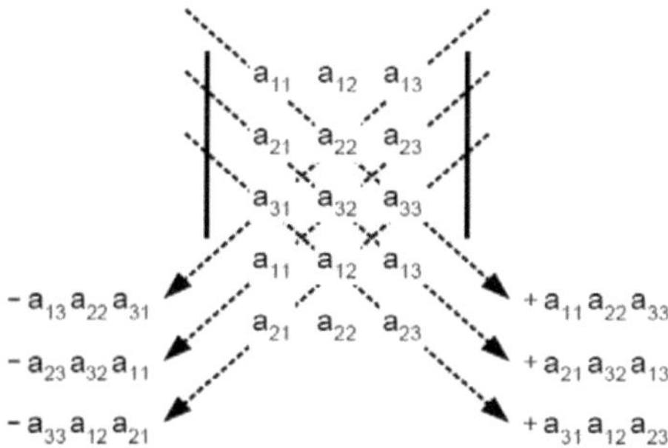

6.3. Méthode de Déterminant

La matrice $(A - \lambda\, I_n)$ est appelée **matrice caractéristique** de A, où un scalaire λ est appelé **valeur propre** de A et I_n matrice identité de degré n×n. Le polynôme $P_n(\lambda) = \det(A - \lambda\, I_n)$ est appelé **polynôme caractéristique** de A et l'équation $P_n(\lambda) = 0$ est appelé **équation caractéristique** de A **[27]**.
Les valeurs propres $[\lambda_1, \lambda_2, \ldots, \lambda_n]$ de A sont les solutions de l'équation caractéristique :

$$\det(A - \lambda\, I_n) = 0 \tag{6.2}$$

$$\left|\begin{bmatrix} a_{11} & a_{12} & a_{13} & \cdots & a_{1n} \\ a_{21} & a_{22} & a_{23} & \cdots & a_{2n} \\ a_{31} & a_{32} & a_{33} & \cdots & a_{3n} \\ \vdots & \vdots & \vdots & \ddots & \vdots \\ a_{n1} & a_{n2} & a_{n3} & \cdots & a_{nn} \end{bmatrix} - [\lambda \quad \lambda \quad \lambda \quad \cdots \quad \lambda] \cdot \begin{bmatrix} 1 & 0 & 0 & 0 & 0 \\ 0 & 1 & 0 & 0 & 0 \\ 0 & 0 & 1 & 0 & 0 \\ 0 & 0 & 0 & \ddots & 0 \\ 0 & 0 & 0 & 0 & 1 \end{bmatrix}\right| = 0 \qquad (6.3)$$

$$P_n(\lambda) = \det(A - \lambda I_n) = \begin{vmatrix} a_{11}-\lambda & a_{12} & a_{13} & \cdots & a_{1n} \\ a_{21} & a_{22}-\lambda & a_{23} & \cdots & a_{2n} \\ a_{31} & a_{32} & a_{33}-\lambda & \cdots & a_{3n} \\ \vdots & \vdots & \vdots & \ddots & \vdots \\ a_{n1} & a_{n2} & a_{n3} & \cdots & a_{nn}-\lambda \end{vmatrix} = 0 \qquad (6.4)$$

6.4. Exemple d'application utilisant la Méthode de Déterminant

Trouver, en utilisant la méthode de Déterminant les valeurs propres de :

$$A = \begin{bmatrix} 1 & -3 \\ -2 & 2 \end{bmatrix};$$

- **Solution :**

La matrice caractéristique : $A - \lambda I_2 = \begin{bmatrix} 1-\lambda & -3 \\ -2 & 2-\lambda \end{bmatrix}$;

Le polynôme caractéristique de A :

$P_2(\lambda) = \det(A - \lambda I_2) = (1-\lambda)(2-\lambda) - 6 = \lambda^2 - 3\lambda - 4$.

L'équation caractéristique de A :

$\lambda^2 - 3\lambda - 4 = 0$.

Les valeurs propres : $\lambda = -1$ et $\lambda = 4$.

6.5. Méthode de Le Verrier

L'équation caractéristique d'une matrice d'ordre n est un polynôme de degré n, et les racines de ce polynôme sont les valeurs propres de la matrice. Si nous pouvons obtenir les coefficients du polynôme caractéristique, la méthode d'élimination de Gauss nous permettra d'en calculer les racines **[15, 28]**. La solution repose sur les relations de Newton (6.5) qui établissent une expression entre les coefficients d'un polynôme et les S_q (somme des racines du polynôme élevées à la puissance q).

Soit A une matrice carrée à n lignes et n colonnes, les valeurs propres de cette matrice sont les racines λ de ce polynôme :

$$P_n(\lambda) = a_0\lambda^n + a_1\lambda^{n-1} + a_2\lambda^{n-2} + \cdots + a_n\lambda^0 = 0 \; ; \quad \text{avec } (a_0 = 1) \qquad (6.5)$$

La détermination des coefficients a_i est par la formule suivante :

$$\begin{cases} a_0S_1 + a_1 = 0 \\ a_0S_2 + a_1S_1 + 2a_2 = 0 \\ a_0S_3 + a_1S_2 + a_2S_1 + 3a_3 = 0 \\ a_0S_4 + a_1S_3 + a_2S_2 + a_3S_1 + 4a_4 = 0 \\ \dots\dots\dots\dots\dots\dots \\ a_0S_m + a_1S_{m-1} + a_2S_{m-2} + \cdots + a_{n-1}S_1 + qa_n = 0 \qquad (m = n = q) \end{cases} \tag{6.6}$$

Avec :

a_i (i=0,1, …, n) : les coefficients d'un polynôme caractéristique $P_n(\lambda)$.

S_q (q= 1,2, …, m) : la somme du diagonal de la matrice A de puissance 1 à m.

Nous savons que la trace de la matrice A est égale a la somme de ses valeurs propres ; de même, ta trace de la matrice A^q est égale à la somme des valeurs propres de A élevées à la puissance q. Par conséquent, la trace de la matrice A^q est égale a S^q. (On rappelle que la trace d'une matrice est la somme de ses éléments sur la diagonale principale.) Il suffit de calculer la trace de A puis de multiplier A par A soit B = AA et de calculer la trace de B. Ensuite, on multipliera B par A puis on calculera la trace de B, et ainsi de suite jusqu'a obtenir la valeur de S^n.

6.6. Exemple d'application utilisant la Méthode de Le Verrier

Trouver, en utilisant la méthode de Le Verrier les valeurs propres de : $A = \begin{bmatrix} 1 & 2 & 2 \\ 2 & 1 & 2 \\ 2 & 2 & 1 \end{bmatrix}$;

- **Solution :**

Formons les matrices A^2 et A^3. Nous avons par un calcul direct :

$$A = \begin{bmatrix} 1 & 2 & 2 \\ 2 & 1 & 2 \\ 2 & 2 & 1 \end{bmatrix},\ A^2 = A \cdot A = \begin{bmatrix} 9 & 8 & 8 \\ 8 & 9 & 8 \\ 8 & 8 & 9 \end{bmatrix} \text{ et } A^3 = A^2 \cdot A = \begin{bmatrix} 41 & 42 & 42 \\ 42 & 41 & 42 \\ 42 & 42 & 41 \end{bmatrix}$$

Nous obtenons de A, A^2, A^3 : $\begin{cases} S_1 = 1+1+1 = 3 \\ S_2 = 9+9+9 = 27 \\ S_3 = 41+41+41 = 123 \end{cases}$

Les formules : $\begin{cases} a_1 = -S_1 \\ a_2 = -\frac{1}{2}(S_2 + a_1S_1) \\ a_3 = -\frac{1}{3}(S_3 + a_1S_2 + a_2S_1) \end{cases}$;

S'écrivent : $\begin{cases} a_1 = -3 \\ a_2 = -\frac{1}{2}(27 + a_1 3) \\ a_3 = -\frac{1}{3}(123 + a_1 27 + a_2 3) \end{cases}$

D'où on tire les valeurs $a_1 = -3$, $a_2 = -9$ et $a_3 = -5$.

Ainsi le polynôme caractéristique de la matrice A s'écrit :

$$P_3(\lambda) = \lambda^3 + a_1\lambda^2 + a_2\lambda + a_3 = \lambda^3 - 3\lambda^2 - 9\lambda - 5 = 0$$

Les solutions de l'équation $\lambda^3 - 3\lambda^2 - 9\lambda - 5 = 0$ sont les valeurs propres de la matrice A et sont :

$$\lambda_1 = -1, \lambda_2 = -1 \text{ et } \lambda_3 = 5.$$

6.7. Méthode de Krylov

Soit A une matrice carrée à n lignes et n colonnes, les valeurs propres de cette matrice sont les racines λ de ce polynôme **[15, 29]**:

$$P_n(\lambda) = a_0\lambda^n + a_1\lambda^{n-1} + a_2\lambda^{n-2} + \cdots + a_n\lambda^0 = 0 \; ; \quad \text{avec } (a_0 = 1) \qquad (6.7)$$

La détermination des coefficients a_i est par la formule suivante :

$$a_1 Y^{(n-1)} + a_2 Y^{(n-2)} + \cdots + a_{n-1} Y^{(1)} + a_n Y^{(0)} = -Y^{(n)} \qquad (6.8)$$

Puisque la taille de A est n×n, alors nous avons (n) vecteurs de longueur (n) a formés :

$$\begin{aligned} Y^{(1)} &= AY^{(0)} \\ Y^{(2)} &= AY^{(1)} \\ &\vdots \\ Y^{(n)} &= AY^{(n-1)} \end{aligned} \qquad (6.9)$$

Prenons comme vecteur initial $Y^{(0)} = \begin{bmatrix} 1 \\ \vdots \\ 1 \end{bmatrix}$

En fin, on obtient :

$$\begin{bmatrix} Y^{(n-1)} & Y^{(n-2)} & \cdots & Y^{(0)} \end{bmatrix} \cdot \begin{bmatrix} a_1 \\ a_2 \\ \vdots \\ a_n \end{bmatrix} = -Y^{(n)} \qquad (6.10)$$

Le vecteur X est arbitraire, et on le choisit très souvent avec toutes ses composantes égales à l'unité. Reste à déterminer $a_0 = (-1)^n$.
Cette méthode n'exigeant que peu de calculs est fort attrayante, malheureusement elle conduit a un système mal conditionne lorsque n atteint et dépasse quelques unités de l'ordre de 8 a 10.

La solution de ce système est les coefficients du polynôme caractéristique $P_n(\lambda)$ de A. Les solutions de l'équation caractéristique $P_n(\lambda) = 0$ sont les valeurs propres de A.

6.8. Exemple d'application utilisant la Méthode de Krylov

Trouver, en utilisant la méthode de Krylov les valeurs propres de : $A = \begin{bmatrix} 2 & -1 & -2 \\ 1 & 1 & 1 \\ 2 & 3 & -1 \end{bmatrix}$;

- **Solution :**

Le polynôme caractéristique de *A* à la forme :

$$P_3(\lambda) = \lambda^3 + a_1\lambda^2 + a_2\lambda + a_3$$

Prenons comme vecteur initial $Y^{(0)} = \begin{bmatrix} 1 \\ 1 \\ 1 \end{bmatrix}$

Puisque la taille de A est 3×3, alors nous avons trois (3) vecteurs a formés :

$$Y^{(1)} = AY^{(0)} = \begin{bmatrix} 2 & -1 & -2 \\ 1 & 1 & 1 \\ 2 & 3 & -1 \end{bmatrix} \begin{bmatrix} 1 \\ 1 \\ 1 \end{bmatrix} = \begin{bmatrix} -1 \\ 3 \\ 4 \end{bmatrix}$$

$$Y^{(2)} = AY^{(1)} = \begin{bmatrix} 2 & -1 & -2 \\ 1 & 1 & 1 \\ 2 & 3 & -1 \end{bmatrix} \begin{bmatrix} -1 \\ 3 \\ 4 \end{bmatrix} = \begin{bmatrix} -13 \\ 6 \\ 3 \end{bmatrix}$$

$$Y^{(3)} = AY^{(2)} = \begin{bmatrix} 2 & -1 & -2 \\ 1 & 1 & 1 \\ 2 & 3 & -1 \end{bmatrix} \begin{bmatrix} -13 \\ 6 \\ 3 \end{bmatrix} = \begin{bmatrix} -38 \\ -4 \\ -11 \end{bmatrix}$$

En fin, on obtient : $a_1Y^{(2)} + a_2Y^{(1)} + a_3Y^{(0)} = -Y^{(3)}$

Où encore : $\left[\begin{bmatrix} -13 \\ 6 \\ 3 \end{bmatrix} \begin{bmatrix} -1 \\ 3 \\ 4 \end{bmatrix} \begin{bmatrix} 1 \\ 1 \\ 1 \end{bmatrix}\right] \cdot \begin{bmatrix} a_1 \\ a_2 \\ a_3 \end{bmatrix} = -\begin{bmatrix} -38 \\ -4 \\ -11 \end{bmatrix} \equiv \begin{cases} -13a_1 - a_2 + a_3 = 38 \\ 6a_1 + 3a_2 + a_3 = 4 \\ 3a_1 + 4a_2 + a_3 = 11 \end{cases}$

La solution de ce système est les valeurs $a_1 = -2$, $a_2 = 1$ et $a_3 = 13$.

Ainsi le polynôme caractéristique de la matrice A s'écrit :

$$P_3(\lambda) = \lambda^3 + a_1\lambda^2 + a_2\lambda + a_3 = \lambda^3 - 2\lambda^2 + \lambda + 13 = 0$$

Les solutions de l'équation $\lambda^3 - 2\lambda^2 + \lambda + 13 = 0$ sont les valeurs propres de la matrice A et sont :

$$\lambda_1 = 1.8681 + 1.9993i, \quad \lambda_2 = 1.8681 - 1.9993i \quad \text{et} \quad \lambda_3 = -1.7363.$$

6.9. Applications MATLAB sur le calcul des valeurs propres

6.9.1. Applications pour valider les programmes

Écrire le programme généralisé des trois méthodes qui calculent les valeurs propres utilisant MATLAB des matrices suivantes :

$$A = \begin{bmatrix} 1 & 2 & 2 \\ 2 & 1 & 2 \\ 2 & 2 & 1 \end{bmatrix}; \qquad A = \begin{bmatrix} 2 & -1 & -2 \\ 1 & 1 & 1 \\ 2 & 3 & -1 \end{bmatrix}.$$

6.9.2. Application MATLAB de la méthode de Le Verrier

6.9.2.1. Algorithme de la méthode de Le Verrier

Etape 1 Données : la matrice A de taille ($n \times n$) et la constante $a_0 = 1$.

Etape 2 Calcul de la somme des diagonales de la matrice A de puissance 1 à n.

Etape 3 Pour déterminer les coefficients a_i, on doit transformer les formules de la relation (6.6) à un système d'équation linéaire A*X=b et construire la matrice A et le vecteur b.

Etape 4 Utilisant la méthode d'Elimination de Gauss trouvé la solution (a_i) de ce système (6.6).

Etape 5 Former le polynôme caractéristique de la matrice "A".

Etape 6 Calculer les valeurs propres de la matrice "A".

6.9.2.2. Programme MATLAB de la méthode de Le Verrier

```
clear all; close all; clc

% Données:
A=[1 2 2;2 1 2; 2 2 1]  % La matrice "A".
a0=1;

% Calcul de la somme des diagonales de la matrice A de
% puissance 1 à n:
n=length(A);
for i=1:n
   S(i,1)=sum(diag(A^i));
```

```
end
S
% Calcul de la matrice M:
for i=1:n
   for j=1:n
      if i==j
         M(i,j)=i;   % Diagonal de la matrice M égale à 1 jusqu'au n.
      elseif i<j
         M(i,j)=0;   % La partie superieure de la matrice M égale à 0.
      else
         M(i,j)=S(i-j); % La partie inferieure égale à la somme des diagonals.
      end

   end
end

% Formation du système d'équation linéaire a*X=b:
a=M      % Le matrice "a" du système.
b=-S     % Le vecteur "b" du système.

% La solution de ce système est par la fonction
% d'Elimination de Gauss "elimgauss.m"
[P] = elimgauss(a,b)

% Le polynôme caractéristique de la matrice "A".
poly_caract=[a0 P']

% Les valeurs propres de la matrice "A".
Val_prop=roots(poly_caract)
```

6.9.3. Application MATLAB de la méthode de Krylov

6.9.3.1. Algorithme de la méthode de Krylov

Etape 1 Données : la matrice A de taille ($n \times n$), la constante $a_0 = 1$ et le vecteur initial $Y^{(0)}=1$.

Etape 2 Calculer des "n" vecteurs $Y^{(i)}=A*Y^{(i-1)}$.

Etape 3 Formation du système d'équation linéaire a*X=b.

Etape 4 Utilisant la méthode d'Elimination de Gauss trouvé la solution (a_i) du système.

Etape 5 Former le polynôme caractéristique de la matrice "A".

Etape 6 Calculer les valeurs propres de la matrice "A".

6.9.3.2. Programme MATLAB de la méthode de Krylov

```
clear all; close all; clc

% Données:
A=[2 -1 -2;1 1 1;2 3 -1]  % La matrice "A".
a0=1 ;
n=length(A);
Y=ones(n,1);             % Vecteur initial Y(0).

% Calcul des "n" vecteurs:
for i=1:n
   Y=A*Y;    % Calcul des "n" vecteurs  Y(1)=A*Y(0).
   YY(:,i)=Y;  % Matrice où il y à les "n" vecteurs.
end
Y=ones(n,1)   % Vecteur initial Y(0).
YY            % Affichage de la matrice où il y à les "n" vecteurs.

% Formation du système d'équation linéaire a*X=b:
a=[YY(:,n-1:-1:1),Y]      % Le matrice "a" du système.
b=-YY(:,n)                % Le vecteur "b" du système.

% La solution de ce système est par la fonction
 % d'Elimination de Gauss "elimgauss.m".
[P] = elimgauss(a,b)

% Le polynôme caractéristique de la matrice "A".
poly_caract=[a0 P']

% Les valeurs propres de la matrice "A".
Val_prop=roots(poly_caract)
```

7.1. Introduction

Les phénomènes non linéaires sont extrêmement courants en pratique. Ils sont sans doute plus fréquents que les phénomènes linéaires. Dans cette section, nous examinons les systèmes non linéaires et nous montrons comment les résoudre a l'aide d'une suite de problèmes linéaires **[16, 17]**, auxquels on peut appliquer diverses techniques de résolution comme la méthode d'élimination de Gauss.

Le problème consiste à trouver le ou les vecteurs $X = [x_1 \quad x_2 \quad x_3 \quad \cdots \quad x_n]^T$ vérifiant les n équations non linéaires suivantes:

$$\begin{aligned} & f_1(x_1, x_2, \cdots, x_n) = 0 \\ & f_2(x_1, x_2, \cdots, x_n) = 0 \\ & f_3(x_1, x_2, \cdots, x_n) = 0 \\ & \qquad \vdots \\ & f_n(x_1, x_2, \cdots, x_n) = 0 \end{aligned} \tag{7.1}$$

où les f_i sont des fonctions de n variables que nous supposons différentiables.

Contrairement aux systèmes linéaires, il n'y a pas de condition simple associée aux systèmes non linéaires qui permette d'assurer l'existence et l'unicité de la solution. Le plus souvent, il existe plusieurs solutions possibles et seul le contexte indique laquelle est la bonne **[29, 30]**.

Les méthodes de résolution des systèmes non linéaires sont nombreuses. Pour éviter de surcharger notre document, nous ne présentons que la méthode la plus importante et la plus utilisée en pratique, soit la méthode de Newton-Raphson.

7.2. Méthode de Newton-Raphson

L'application de cette méthode à un système de deux équations non linéaires est suffisante pour illustrer le cas général. Il serait également bon de réviser le développement de la méthode de Newton-Raphson pour une équation non linéaire puisque le raisonnement est le même pour les systèmes **[16, 29]**.

Soit le Système d'équations non linéaires :

$$f_i(x_1, x_2, \cdots, x_n) = 0 \text{ avec } (i = 1, 2, \cdots, n) \tag{7.2}$$

où $X^{(0)} = \begin{bmatrix} x_1^{(0)} \\ \vdots \\ x_n^{(0)} \end{bmatrix}$ est l'approximation initiale et « ε » c'est la précision du calcul (la solution est une valeur approchée).

Les étapes de la méthode sont:

1) Calcul des éléments de la matrice Jacobienne (les dérivées partielles).
2) Formation de la relation au-dessous :

$$\underbrace{\begin{bmatrix} \frac{\partial f_1}{\partial x_1} & \frac{\partial f_1}{\partial x_2} & \cdots & \frac{\partial f_1}{\partial x_n} \\ \frac{\partial f_2}{\partial x_1} & \frac{\partial f_2}{\partial x_2} & \cdots & \frac{\partial f_2}{\partial x_n} \\ \vdots & \vdots & \ddots & \vdots \\ \frac{\partial f_n}{\partial x_1} & \frac{\partial f_n}{\partial x_2} & \cdots & \frac{\partial f_n}{\partial x_n} \end{bmatrix}}_{\text{La matrice Jacobienne}} \cdot \begin{bmatrix} \Delta x_1^{(k+1)} \\ \Delta x_2^{(k+1)} \\ \vdots \\ \Delta x_n^{(k+1)} \end{bmatrix} = -\begin{bmatrix} f_1 \\ f_2 \\ \vdots \\ f_n \end{bmatrix} \tag{7.3}$$

3) Remplacement par les valeurs : $x_1^{(k)}, x_2^{(k)}, \cdots, x_n^{(k)}$ dans la formule (7.3).

4) Calcul des $\Delta x_i^{(k+1)}$ a l'aide de la formule (7.3).

5) Obtention la solution approchée $X^{(k+1)}$ par la relation suivante :

$$X^{(k+1)} = \begin{bmatrix} x_1^{(k)} + \Delta x_1 \\ \vdots \\ x_n^{(k)} + \Delta x_n \end{bmatrix} \tag{7.4}$$

6) Si la relation (7.5) atteinte :

$$\left|X^{(k+1)} - X^{(k)}\right| = \begin{bmatrix} |\Delta x_1| \leq \varepsilon \\ \vdots \\ |\Delta x_n| \leq \varepsilon \end{bmatrix} \tag{7.5}$$

alors la solution approchée est $X^{(k+1)}$, sinon répéter le calcule pour une autre itération.

7.3. Exemple d'application utilisant la méthode de Newton-Raphson

Soit le système d'équations non linéaires :

$$\begin{cases} x + 2y = 2 \\ x^2 + 4y^2 = 4 \end{cases}$$

En utilisant la méthode de **Newton-Raphson** et en partant de l'approximation initiale $X^{(0)} = \begin{bmatrix} 0.2 \\ 1.2 \end{bmatrix}$, trouver la valeur approchée de la solution avec une précision 10^{-2}.

- **Solution :**

L'approximation initiales donnée est $X^{(0)} = \begin{bmatrix} 0.2 \\ 1.2 \end{bmatrix}$ et la précision est $\varepsilon = 10^{-2}$.

Le calcul des éléments de la matrice Jacobienne (les dérivées partielles):

$$\frac{\partial f_1}{\partial x}=1 \qquad \frac{\partial f_1}{\partial y}=2 \qquad \frac{\partial f_2}{\partial x}=2x \qquad \frac{\partial f_2}{\partial y}=8y$$

La relation (7.3) -voir le cours- s'écrit :

$$\begin{bmatrix} 1 & 2 \\ 2x & 8y \end{bmatrix}_{(0.2,\,1.2)} \begin{bmatrix} \Delta x \\ \Delta y \end{bmatrix} = -\begin{bmatrix} f_1(0.2,\,1.2) \\ f_2(0.2,\,1.2) \end{bmatrix}$$

Où encore :

$$\begin{bmatrix} 1 & 2 \\ 0.4 & 9.6 \end{bmatrix} \begin{bmatrix} \Delta x \\ \Delta y \end{bmatrix} = \begin{bmatrix} -0.6 \\ -1.8 \end{bmatrix}$$

Calculons Δx et Δy :

$$\Delta x = \frac{\begin{vmatrix} -0.6 & 2 \\ -1.8 & 9.6 \end{vmatrix}}{\begin{vmatrix} 1 & 2 \\ 0.4 & 9.6 \end{vmatrix}} = -0.245 \quad \text{et} \quad \Delta y = \frac{\begin{vmatrix} 1 & -0.6 \\ 0.4 & -1.8 \end{vmatrix}}{\begin{vmatrix} 1 & 2 \\ 0.4 & 9.6 \end{vmatrix}} = -0.177$$

La première solution approchée $X^{(1)}$ est :

$$X^{(1)} = \begin{bmatrix} x^{(0)} + \Delta x = 0.2 - 0.245 \\ y^{(0)} + \Delta y = 1.2 - 0.177 \end{bmatrix} = \begin{bmatrix} -0.045 \\ 1.023 \end{bmatrix}$$

Et puisque $\left|X^{(1)} - X^{(0)}\right| = \begin{bmatrix} |\Delta x| = & 0.245 > 10^{-2} \\ |\Delta y| = & 0.177 > 10^{-2} \end{bmatrix}$, effectuons une deuxième itération :

$$\begin{bmatrix} 1 & 2 \\ 2x & 8y \end{bmatrix}_{(-0.045,\,1.023)} \begin{bmatrix} \Delta x \\ \Delta y \end{bmatrix} = -\begin{bmatrix} f_1(-0.045,\,1.023) \\ f_2(-0.045,\,1.023) \end{bmatrix}$$

$$\begin{bmatrix} 1 & 2 \\ -0.09 & 8.184 \end{bmatrix} \begin{bmatrix} \Delta x \\ \Delta y \end{bmatrix} = \begin{bmatrix} -0.001 \\ -0.188 \end{bmatrix}$$

Calculons Δx et Δy :

$$\Delta x = \frac{\begin{vmatrix} -0.001 & 2 \\ -0.188 & 8.184 \end{vmatrix}}{\begin{vmatrix} 1 & 2 \\ -0.09 & 8.184 \end{vmatrix}} = 0.044 \quad \text{et} \quad \Delta y = \frac{\begin{vmatrix} 1 & -0.001 \\ -0.09 & -0.188 \end{vmatrix}}{\begin{Vmatrix} 1 & 2 \\ -0.09 & 8.184 \end{Vmatrix}} = -0.022$$

La deuxième solution approchée $X^{(2)}$ est :

$$X^{(2)} = \begin{bmatrix} x^{(1)} + \Delta x = -0.045 + 0.044 \\ y^{(1)} + \Delta y = 1.023 - 0.022 \end{bmatrix} = \begin{bmatrix} -0.001 \\ 1.001 \end{bmatrix}$$

Et puisque : $\left|X^{(2)} - X^{(1)}\right| = \begin{bmatrix} |\Delta x| = & 0.044 > 10^{-2} \\ |\Delta y| = & 0.022 > 10^{-2} \end{bmatrix}$

Nous devons effectuer une troisième itération :

$$\begin{bmatrix} 1 & 2 \\ 2x & 8y \end{bmatrix}_{(-0.001,\, 1.001)} \begin{bmatrix} \Delta x \\ \Delta y \end{bmatrix} = -\begin{bmatrix} f_1(-0.001,\, 1.001) \\ f_2(-0.001,\, 1.001) \end{bmatrix}$$

$$\begin{bmatrix} 1 & 2 \\ -0.002 & 8.008 \end{bmatrix} \begin{bmatrix} \Delta x \\ \Delta y \end{bmatrix} = \begin{bmatrix} -0.001 \\ -0.008 \end{bmatrix}$$

Calculons Δx et Δy :

$$\Delta x = \frac{\begin{vmatrix} -0.001 & 2 \\ -0.008 & 8.008 \end{vmatrix}}{\begin{vmatrix} 1 & 2 \\ -0.002 & 8.008 \end{vmatrix}} = 0.001 \quad \text{et} \quad \Delta y = \frac{\begin{vmatrix} 1 & -0.001 \\ -0.002 & -0.008 \end{vmatrix}}{\begin{vmatrix} 1 & 2 \\ -0.002 & 8.008 \end{vmatrix}} = -0.001$$

La troisième solution approchée $X^{(3)}$ est :

$$X^{(3)} = \begin{bmatrix} x^{(2)} + \Delta x = -0.001 + 0.001 \\ y^{(2)} + \Delta y = 1.001 - 0.001 \end{bmatrix} = \begin{bmatrix} 0.000 \\ 1.000 \end{bmatrix}$$

Et puisque :

$$\left|X^{(3)} - X^{(2)}\right| = \begin{bmatrix} |\Delta x| = & 0.001 \le 10^{-2} \\ |\Delta y| = & 0.001 \le 10^{-2} \end{bmatrix}$$

Nous avons abouti la précision fixée (10^{-2}), la valeur approchée cherchée est :

$$X = \begin{bmatrix} 0.000 \\ 1.000 \end{bmatrix}$$

7.4. Applications MATLAB sur la résolution d'un système d'équations non linéaires

7.4.1. Applications pour valider les programmes

Soit les systèmes d'équations non linéaires :

$$\begin{cases} x+2y=2 \\ x^2+4y^2=4 \end{cases} \quad \text{et} \quad \begin{cases} x^2-2x-y+0.5=0 \\ x^2+4y^2-4=0 \end{cases}$$

En utilisant la méthode de **Newton-Raphson** et en partant de l'approximation initiale $X^{(0)}=\begin{bmatrix}0.2\\1.2\end{bmatrix}$, trouver la valeur approchée de la solution.

7.4.2. Application MATLAB de la méthode de Newton-Raphson

7.4.2.1. Algorithme de la méthode de Newton-Raphson

Etape 1 Données : L'approximation initiale

$$X^{(0)}=\begin{bmatrix}x_1^{(0)}\\ \vdots \\ x_n^{(0)}\end{bmatrix};$$

Etape 2 Poser k=1 ;
Le système d'équations $f_i(x_1,x_2,\cdots,x_n)=0$ avec $(i=1,2,\cdots,n)$;
Les dérivées partielles (la matrice Jacobienne) ;

Etape 3 Calculer les $\Delta x_i^{(k)}$ à l'aide de la formule (7.3).

Etape 4 La solution approchée $X^{(k+1)}$ est par la relation suivante :

$$X^{(k+1)}=\begin{bmatrix}x_1^{(k)}+\Delta x_1\\ \vdots \\ x_n^{(k)}+\Delta x_n\end{bmatrix}$$

Etape 5 Répéter le calcul jusqu'au maximum des itérations.

7.4.2.2. Programme MATLAB de la méthode de Newton-Raphson

1) Programme MATLAB principal (P_Newton_Raphson.m):

```
clear all; close all; clc
x=[0.2 ; 1.2]   % La solution initiale

% la fonction qui calcul le programme de Newton-Raphson
% où l'entrée c(est le vecteur initial x :
x=newton_raphson(x)
```

2) Programme MATLAB utilisant le fichier fonction:

- ❖ Fichier : (newton_raphson.m)

```
function x=newton_raphson(x)

for k=1:100  % test d'arret le max d'itérations
% La Matrice Jacobienne et le système d'équations non
% linéaires:

% Le système d'équations non linéaires:
F =[x(1)+2*x(2)-2;
   x(1)^2+4*x(2)^2-4];

% La Matrice Jacobienne:
   df1_dx1=1;
   df1_dx2=2;
   df2_dx1=2*x(1);
   df2_dx2=8*x(2);
   J=[df1_dx1 df1_dx2;
     df2_dx1 df2_dx2]

% Clacul du "dx" a l'aide de fichier fonction « elimgauss.m »
[dx] = elimgauss(J,-F)
x=x+dx
end
```

7.4.3. Programme intégré dans MATLAB pour RSENL

1) Programme MATLAB principal (P_RSENL.m):

```
clear all; close all; clc
x0 = [0.2; 1.2];
[x] = fsolve(@ma_fonction,x0)
```

2) Programme MATLAB utilisant le fichier fonction:

- ❖ Fichier : (ma_fonction.m)

```
function F = ma_fonction(x)
     F=[x(1)+2*x(2)-2;
       x(1)^2+4*x(2)^2-4];
```

8.1. Introduction

Cette section traite de la façon dont on peut utiliser les méthodes de résolution d'équations différentielles ordinaires dans le cas de systèmes d'équations différentielles avec conditions initiales. Fort heureusement, il suffit d'adapter légèrement les méthodes déjà vues.

La résolution numérique des équations différentielles est probablement le domaine de l'analyse numérique ou les applications sont les plus nombreuses. Que ce soit en électrotechnique, en modélisation des machines électriques ou en analyse des réseaux électriques, on aboutit souvent à la résolution d'équations différentielles, de systèmes d'équations différentielles ou plus généralement d'équations aux dérivées partielles **[31]**.

La solution numérique qui sera par la suite analysée et comparée à d'autres solutions approximatives ou quasi analytiques. Parmi leurs avantages, les méthodes numériques permettent d'étudier des problèmes complexes pour lesquels on ne connait pas de solution analytique, mais qui sont d'tin grand intérêt pratique **[32]**.

Dans ce chapitre comme dans les précédents, les diverses méthodes de résolution proposées sont d'autant plus précises qu'elles sont d'ordre élevé.

Nous amorçons l'expose par des méthodes relativement simples ayant une interprétation géométrique. Elles nous conduiront progressivement à des méthodes plus complexes telles la méthode de Runge-Kutta, qui permet d'obtenir des résultats d'une grande précision. Nous considérons principalement les équations différentielles avec conditions initiales, mais nous ferons une brève incursion du coté des équations différentielles avec conditions aux limites par le biais des méthodes d'Euler et de Taylor.

8.2. Définitions

La forme générale d'un système de m équations différentielles avec conditions initiales s'écrit **[31]**:

$$\begin{array}{lcll} y_1'(t) & = & f_1(t, y_1(t), y_2(t), \cdots, y_m(t)) & (y_1(t_0) = y_{1,0}) \\ y_2'(t) & = & f_2(t, y_1(t), y_2(t), \cdots, y_m(t)) & (y_2(t_0) = y_{2,0}) \\ y_3'(t) & = & f_3(t, y_1(t), y_2(t), \cdots, y_m(t)) & (y_3(t_0) = y_{3,0}) \\ \vdots & & \vdots & \vdots \\ y_m'(t) & = & f_m(t, y_1(t), y_2(t), \cdots, y_m(t)) & (y_m(t_0) = y_{m,0}) \end{array} \quad (8.1)$$

Ici encore, on note $y_i(t_n)$, la valeur exacte de la $i^{éme}$ variable dépendante en $t = t_n$ et $y_{i,n}$, son approximation numérique.

Nous prenons comme point de départ la formulation générale d'une équation différentielle d'ordre 1 avec condition initiale. La tache consiste a déterminer une fonction y(t) solution de:

$$\begin{array}{l} y'(t) = f(t, y(t)) \\ y(t_0) = y_0 \end{array} \quad (8.2)$$

La variable indépendante t représente très souvent (mais pas toujours) le temps **[31]**. La variable dépendante est notée y et dépend bien sur de t. La fonction f est pour le moment une fonction quelconque de deux variables que nous supposons suffisamment différentiable. La condition $y(t_0) = y_0$ est la condition initiale et en quelque sorte l'état de la solution au moment ou on commence a s'y intéresser. Il s'agit d'obtenir y(t) pour $t > t_0$, si on cherche une solution analytique, ou une approximation de y(t), si on utilise une méthode numérique.

8.3. Méthode de Runge-Kutta

Il serait avantageux de disposer de méthodes d'ordre de plus en plus élevé tout en évitant les désavantages des méthodes de Taylor, qui nécessitent l'évaluation des dérivées partielles de la fonction f(t, y). Une voie est tracée par les méthodes de Runge-Kutta, qui sont calquées sur les méthodes de Taylor du même ordre **[31, 32]**.

On a vu que le développement de la méthode de Taylor passe par la relation suivante :

$$\begin{aligned} y(t_{n+1}) &= y(t_n) + f(t_n + y(t_n))t \\ &+ \frac{t^2}{2}\left(\frac{\partial f(t_n + y(t_n))}{\partial t} + \frac{\partial f(t_n + y(t_n))}{\partial y} f(t_n + y(t_n))\right) + C(t^3) \end{aligned} \tag{8.3}$$

Le but est de remplacer cette dernière relation par une expression équivalente possédant le même ordre de précision ($C(t^3)$). On propose la forme:

$$y(t_{n+1}) = y(t_n) + f(t_n, y(t_n))a_1 t + f(t_n + a_3 t, y(t_n) a_4 t) a_2 t \tag{8.4}$$

où on doit déterminer les paramètres ai, a_1, a_2, a_3 et a_4 de telle sorte que les expressions (8.3) et (8.4) aient toutes deux une erreur en $C(t^3)$. On ne trouve par ailleurs aucune dérivée partielle dans cette expression. Pour y arriver, on doit recourir au développement de Taylor en deux variables. On a ainsi:

$$\begin{aligned} y(t_n + a_3 t, y(t_n) + a_4 t) &= f(t_n + y(t_n)) + a_3 t \frac{\partial f(t_n + y(t_n))}{\partial t} \\ &+ a_4 t \frac{\partial f(t_n + y(t_n))}{\partial y} + C(t^2) \end{aligned} \tag{8.5}$$

La relation (8.5) devient alors:

$$\begin{aligned} y(t_{n+1}) &= y(t_n) + f(t_n, y(t_n))(a_1 + a_2)t + a_2 a_3 t^2 \frac{\partial f(t_n + y(t_n))}{\partial t} \\ &+ a_2 a_4 t^2 \frac{\partial f(t_n + y(t_n))}{\partial y} + C(t^3) \end{aligned} \tag{8.6}$$

On voit immédiatement que les expressions (8.3) et (8.6) sont du même ordre. Pour déterminer les coefficients a_i, il suffit de comparer ces deux expressions terme à terme:

- coefficients respectifs de $f(t_n, y(t_n))$:

$$t = (a_1 + a_2)t \tag{8.7}$$

- coefficients respectifs de $\frac{\partial f(t_n + y(t_n))}{\partial t}$:

$$\frac{t^2}{2} = a_2 a_3 t^2 \tag{8.8}$$

- coefficients respectifs de $\dfrac{\partial f(t_n + y(t_n))}{\partial y}$:

$$\frac{t^2}{2} f(t_n + y(t_n)) = a_2 a_4 t^2 \tag{8.9}$$

On obtient ainsi un système non linéaire de 3 équations comprenant 4 inconnues:

$$\begin{aligned} 1 &= (a_1 + a_2) \\ \frac{1}{2} &= a_2 a_3 \\ \frac{f(t_n + y(t_n))}{2} &= a_2 a_4 \end{aligned} \tag{8.10}$$

Le système (8.10) est sous-déterminé en ce sens qu'il y a moins d'équations que d'inconnues et qu'il n'a donc pas de solution unique. Cela offre une marge de manœuvre qui favorise la mise au point de plusieurs variantes de la méthode de Runge-Kutta.

8.4. Exemple d'application sur la méthode de Runge-Kutta

Soit le système de deux équations différentielles suivant:

$$\begin{cases} y_1'(t) = y_2(t) & (y_1(0) = 2) \\ y_2'(t) = 2y_2(t) - y_1(t) & (y_2(0) = 1) \end{cases}$$

Dont la solution analytique est:

$$\begin{cases} y_1(t) = 2e^t - te^t \\ y_2(t) = e^t - te^t \end{cases}$$

On a alors:

$$\begin{cases} f_1(t, y_1(t), y_2(t)) = y_2(t) \\ f_2(t, y_1(t), y_2(t)) = 2y_2(t) - y_1(t) \end{cases}$$

et la condition initiale $(t_0, y_{1,0}, y_{2,0}) = (0, 2, 1)$. Si on prend par exemple $t = 0{,}1$, on trouve:

$$\begin{aligned} k_{1,1} &= 0.1(f_1(0, 2, 1)) = 0.1 \\ k_{2,1} &= 0.1(f_2(0, 2, 1)) = 0 \end{aligned}$$

$$\begin{aligned} k_{1,2} &= 0.1(f_1(0.05, 2.05, 1.0)) = 0.1 \\ k_{2,2} &= 0.1(f_2(0.05, 2.05, 1.0)) = -0.005 \end{aligned}$$

$$\begin{aligned} k_{1,3} &= 0.1(f_1(0.05, 2.05, 0.9975)) = 0.09975 \\ k_{2,3} &= 0.1(f_2(0.05, 2.05, 0.9975)) = -0.0055 \end{aligned}$$

$$k_{1,4} = 0.1(f_1(0.1,\ 2.09975,\ 0.9975)) = 0.09945$$
$$k_{2,4} = 0.1(f_2(0.1,\ 2.09975,\ 0.9975)) = -0.011075$$

$$\begin{aligned} y_{1,1} &= y_{1,0} + \frac{1}{6}(0.1 + 2(0.1) + 2(0.09975) + 0.09945) \\ &= 2.099825 \\ y_{2,1} &= y_{2,0} + \frac{1}{6}(0 + 2(-0.005) + 2(-0.0055) + (-0.011075)) \\ &= 0.994651 \end{aligned}$$

8.5. Méthode d'Euler

La méthode d'Euler est de loin la méthode la plus simple de résolution numérique d'équations différentielles. Elle possède une belle interprétation géométrique et son emploi est facile. Toutefois, elle est relativement peu utilisée en raison de sa faible précision **[31, 33]**.

Reprenons l'équation différentielle 8.2 et considérons plus attentivement la condition initiale $y(t_0)=y_0$. Le but est maintenant d'obtenir une approximation de la solution en $t = t_1 = t_0 + h$. Avant d'effectuer la première itération, il faut déterminer dans quelle direction on doit avancer a partir du point (t_0,y_0) pour obtenir le point (t_1,y_1), qui est une approximation du point $(t_1, y(t_1))$. En effet, l'équation différentielle assure que:

$$y'(t_0) = f(t_0, y(t_0)) = y(t_0, y_0) \qquad (8.11)$$

Il est important de noter que, le plus souvent, $y_1=y(t_1)$. Cette inégalité n'a rien pour étonner, mais elle a des conséquences sur la suite du raisonnement. En effet, si on souhaite faire une deuxième itération et obtenir une approximation de $y(t_2)$, on peut refaire l'analyse précédente à partir du point (t_1,y_1). On remarque cependant que la solution analytique en $t= t_1$ est:

$$y'(t_1) = f(t_1, y(t_1)) \approx f(t_1, y_1) \qquad (8.12)$$

Le développement qui précède met en évidence une propriété importante des méthodes numériques de résolution des équations différentielles.

En effet, l'erreur introduite à la première itération a des répercussions sur les calculs de la deuxième itération, ce qui signifie que les erreurs se propagent d'une itération à l'autre. Il en résulte de façon générale que l'erreur:

$$|y(t_i) = y_i| \qquad (8.13)$$

augmente légèrement avec i.

8.6. Exemple d'application sur la méthode d'Euler

Soit l'équation différentielle :

$$y'(t) = -y(t) + t + 1$$

et la condition initiale $y(0) = 1$.

On a donc $t_0 = 0$ et $y_0 = 1$, et on prend un pas de temps t = 0,1. De plus, on a:

$$f(t,y) = -y + t + 1$$

On peut donc utiliser la méthode d'Euler et obtenir successivement des approximations de y(0,l), y(0,2), y(0,3) …, notées y1, y2, y3… La première itération produit:

$$y_1 = y_0 + t \cdot f(t_0, y_0) = 1 + 0.1 \cdot f(0,1) = 1 + 0.1(-1 + 0 + 1) = 1$$

La deuxième itération fonctionne de manière similaire:

$$y_2 = y_1 + t \cdot f(t_1, y_1) = 1 + 0.1 \cdot f(0.1,1) = 1 + 0.1(-1 + 0.1 + 1) = 1.01$$

On parvient à:

$$y_3 = y_2 + t \cdot f(t_2, y_2) = 1.01 + 0.1 \cdot f(0.2,1.01) = 1.01 + 0.1(-1.01 + 0.2 + 1) = 1.029$$

Le tableau suivant rassemble les résultats des dix premières itérations. On peut montrer que la solution analytique de cette équation différentielle est:

$$y(t) = e^{-t} + t$$

ce qui permet de comparer les solutions numérique et analytique, et de constater la croissance de l'erreur.

t_i	$y(t_i)$	y_i	$\lvert y(t_i) = y_i \rvert$
0,0	1,000000	1,000000	0,000000
0,1	1,004837	1,000000	0,004837
0,2	1,018731	1,010000	0,008731
0,3	1,040818	1,029000	0,011818
0,4	1,070302	1,056100	0,014220
0,5	1,106531	1,090490	0,016041
0,6	1,148812	1,131441	0,017371
0,7	1,196585	1,178297	0,018288
0,8	1,249329	1,230467	0,018862
0,9	1,306570	1,287420	0,019150
1,0	1,367879	1,348678	0,019201

8.7. Méthodes de Taylor

Le développement de Taylor autorise une généralisation immédiate de la méthode d'Euler, qui permet d'obtenir des algorithmes dont l'erreur de troncature locale est d'ordre plus élevé. Nous nous limitons cependant à la méthode de Taylor du second ordre **[31, 34]**.

On cherche, au temps $t = t_n$, une approximation de la solution en $t = t_{n+1}$. On a immédiatement:

$$y(t_{n+1}) = y(t_n + t) \\ = y(t_n) + y'(t_n)t + \frac{y''(t_n)t^2}{2} \tag{8.14}$$

En se servant de l'équation différentielle (8.2), on trouve:

$$y(t_{n+1}) = y(t_n) + f(t_n + y(t_n))t + \frac{f'(t_n + y(t_n))t^2}{2} \tag{8.15}$$

Dans la relation précédente, on voit apparaitre la dérivée de la fonction f(t,y(t)) par rapport au temps. La règle de dérivation en chaine assure que :

$$f'(t + y(t)) = \frac{\partial f(t + y(t))}{\partial t} + \frac{\partial f(t + y(t))}{\partial y} y'(t) \tag{8.16}$$

c'est-a-dire:

$$f'(t + y(t)) = \frac{\partial f(t + y(t))}{\partial t} + \frac{\partial f(t + y(t))}{\partial y} f(t + y(t)) \tag{8.17}$$

On obtient donc:

$$y(t_{n+1}) = y(t_n) + f(t_n + y(t_n))t \\ + \frac{t^2}{2}\left(\frac{\partial f(t_n + y(t_n))}{\partial t} + \frac{\partial f(t_n + y(t_n))}{\partial y} f(t_n + y(t_n))\right) \tag{8.18}$$

8.8. Exemple d'application sur la méthode de Taylor

Soit l'équation différentielle déjà résolue par la méthode d'Euler:

$$y'(t) = -y(t) + t + 1$$

et la condition initiale y(0) = 1. Dans ce cas:

$$f(t, y) = -y + t + 1$$

et

$$\frac{\partial f}{\partial t} = 1 \text{ et } \frac{\partial f}{\partial y} = -1$$

L'algorithme devient:

$$y_{n+1} = y_n + (-y_n + t_n + 1)t + \frac{t^2}{2}\big(1 + (-1)(-y_n + t_n + 1)\big)$$

La première itération de la méthode de Taylor d'ordre 2 donne (avec t = 0,1):

$$y_1 = 1 + 0.1(-1 + 0 + 1) + \frac{(0.1)^2}{2}\big(1 + (-1)(-1 + 0 + 1)\big) = 1.005$$

Une deuxième itération donne:

$$y_2 = 1.005 + 0.1(-1.005 + 0.1 + 1) + \frac{(0.1)^2}{2}\left(1 + (-1)(-1.005 + 0.1 + 1)\right) = 1.019025$$

Les résultats sont compiles dans le tableau qui suit.

t_i	$y(t_i)$	y_i	$\lvert y(t_i) = y_i \rvert$
0,0	1,000000	1,000000	0,000000
0,1	1,004837	1,005000	0,000163
0,2	1,018731	1,019025	0,000294
0,3	1,040818	1,041218	0,000400
0,4	1,070302	1,070802	0,000482
0,5	1,106531	1,107075	0,000544
0,6	1,148812	1,149404	0,000592
0,7	1,196585	1,197210	0,000625
0,8	1,249329	1,249975	0,000646
0,9	1,306570	1,307228	0,000658
1,0	1,367879	1,368541	0,000662

On remarque que l'erreur est plus petite avec la méthode de Taylor d'ordre 2 qu'avec la méthode d'Euler. Comme on le verra plus loin, cet avantage des méthodes d'ordre plus élevé vaut pour l'ensemble des méthodes de résolution d'équations différentielles.

8.9. Applications MATLAB sur la résolution d'équations Différentielles

8.9.1. Application MATLAB de la méthode de Runge-Kutta

8.9.1.1. Algorithme de la méthode de Runge-Kutta

Etape 1 Données : un pas de temps t, des conditions initiales (t_0, $y_{1,0}$, $y_{2,0}$, … , $y_{m,0}$) et un nombre maximal d'itérations N.

Etape 2 Pour $0 \leq n \leq N$:

$$k_1 = f(t_n, y_n)t$$

$$k_2 = f(t_n + \frac{t}{2}, y_n \frac{k_1}{2})t$$

$$k_3 = f(t_n + \frac{t}{2}, y_n \frac{k_2}{2})t$$

$$k_4 = f(t_n + t, y_n k_3)t$$

$$y_{n+1} = y_n + \frac{1}{6}(k_1 + 2k_2 + 2k_3 + k_4)$$

Etape 3 Poser : $t_{n+1} = t_n + t$

Etape 4 Ecrire : t_{n+1} et y_{n+1}

Etape 5 Afficher le résultat.

8.9.1.2. Programme MATLAB de la méthode de Runge-Kutta

```
function [xSol,ySol] = runKutta(dEqs,x,y,xStop,h)

% Runge-Kutta 4ème ordre.
% USAGE: [xSol,ySol] = runKutta(dEqs,x,y,xStop,h)

% ENTREES:
% dEqs  = équations différentielles
%        F(x,y) = [dy1/dx dy2/dx dy3/dx ...].
% x,y   = Valeurs initiales; y Vecteur ligne.
% xStop = Valeur finale de x.
% h     = incrément de x utilisé.

% SORTIES:
% xSol = valeur de x où la solution est complète.
% ySol = valeur de y correspondant à la valeur x.

if size(y,1) > 1 ; y = y'; end  % y vecteur ligne
xSol = zeros(2,1); ySol = zeros(2,length(y));
xSol(1) = x; ySol(1,:) = y;
i = 1;
while x < xStop
   i = i + 1;
   h = min(h,xStop - x);
   K1 = h*feval(dEqs,x,y);
   K2 = h*feval(dEqs,x + h/2,y + K1/2);
   K3 = h*feval(dEqs,x + h/2,y + K2/2);
   K4 = h*feval(dEqs,x+h,y + K3);
   y = y + (K1 + 2*K2 + 2*K3 + K4)/6;
   x = x + h;
   xSol(i) = x; ySol(i,:) = y;
end
```

8.9.2. Application MATLAB de la méthode d'Euler

8.9.2.1. Algorithme de la méthode d'Euler

Etape 1 Données : un pas de temps t, des conditions initiales (t_0,y_0) et un nombre maximal d'itérations N.

Etape 2 Pour $0 \leq n \leq N$: $y_{n+i} = y_n + f(t_n, y_n)t$

Etape 3 Poser : $t_{n+1} = t_n + t$

Etape 4 Ecrire : t_{n+1} et y_{n+1}

Etape 5 Afficher le résultat.

8.9.2.2. Programme MATLAB de la méthode d'Euler

```
function [t,y] = Euler(f,tspan,y0,N)

% La méthode de Euler pour la résolution d'équation
% différentielles y'(t) = f(t,y(t))
% pour tspan = [t0,tf] et la valeur initiale y0 et N
% pas du temps
if nargin<4 | N <= 0, N = 100; end
if nargin<3, y0 = 0; end

%valeur du temps t
h = (tspan(2) - tspan(1))/N;
% vecteur du temps
t = tspan(1)+[0:N]'*h;

% toujours faites la valeur initiale un vecteur de la ligne
y(1,:) = y0(:)';
for k = 1:N
y(k + 1,:) = y(k,:) +h*feval(f,t(k),y(k,:)); end
```

8.9.3. Application MATLAB de la méthode de Taylor

8.9.3.1. Algorithme de la méthode de Taylor

Etape 1 Données : un pas de temps t, des conditions initiales (t_0,y_0) et un nombre maximal d'itérations N.

Etape 2 Pour $0 \leq n \leq N$:

$$y_{n+1} = y_n + f(t_n + y_n)t + \frac{t^2}{2}\left(\frac{\partial f(t_n + y_n)}{\partial t} + \frac{\partial f(t_n + y_n)}{\partial y} f(t_n + y_n)\right)$$

Etape 3 Poser : $t_{n+1} = t_n + t$

Etape 4 Ecrire : t_{n+1} et y_{n+1}

Etape 5 Afficher le résultat.

8.9.3.2. Programme MATLAB de la méthode de Taylor

```
function [xSol,ySol] = taylor(deriv,x,y,xStop,h)

% La méthode de Taylor pour la résolution d'équation
% différentielles y'(t) = f(t,y(t))
```

```
% pour tspan = [t0,tf] et la valeur initiale y0 et N
% pas du temps
% la fonction : [xSol,ySol] = taylor(deriv,x,y,xStop,h)

% ENTREES:
% deriv = fonction qui rend la matrice
%        d = [dy/dx d^2y/dx^2 d^3y/dx^3 d^4y/dx^4].
% x,y   =valeur initiale; il faut que y soit vecteur linge.
% xStop = la valeur finale de x
% h     = increment de x ulilisé dans le calcul (h > 0).

% SORTIES:
% xSol  = valeurs de x à la solution qui calculée.
% ySol  = valeurs de y correspond aux valeurs de x.

if size(y,1) > 1; y = y'; end  % y soit vecteur linge
xSol = zeros(2,1); ySol = zeros(2,length(y));
xSol(1) = x; ySol(1,:) = y;
k = 1;
while x < xStop
   h = min(h,xStop - x);
   d = feval(deriv,x,y);      % dérivée de y
   hh = 1;
   for j = 1:4                % calcul Taylor
      hh = hh*h/j;
      y = y + d(j,:)*hh;
   end
   x = x + h; k = k + 1;
   xSol(k) = x; ySol(k,:) = y; % affichage de résultats.
end
```

Conclusion générale

Le calcul scientifique est une discipline qui consiste à développer, analyser et appliquer des méthodes relevant de domaines mathématiques aussi variés que l'analyse, l'algèbre linéaire, la géométrie, la théorie de l'approximation, les équations fonctionnelles, l'optimisation ou le calcul différentiel. Les méthodes numériques trouvent des applications naturelles dans de nombreux problèmes posés par la physique, les sciences biologiques, les sciences de l'ingénieur, l'économie et la finance.

Le calcul scientifique se trouve donc au carrefour de nombreuses disciplines des sciences appliquées modernes, auxquelles il peut fournir de puissants outils d'analyse, aussi bien qualitative que quantitative. Ce rôle est renforcé par l'évolution permanente des ordinateurs et des algorithmes : la taille des problèmes que l'on sait résoudre aujourd'hui est telle qu'il devient possible d'envisager la simulation de phénomènes réels.

La communauté scientifique bénéficie largement de la grande diffusion des logiciels de calcul numérique. Néanmoins, les utilisateurs doivent toujours choisir avec soin les méthodes les mieux adaptées à leurs cas particuliers : il n'existe en effet aucune "boite noire" qui puisse résoudre avec précision tous les types de problème.

Un des objectifs de ce document est de présenter les fondements mathématiques du calcul scientifique, avec la mise en œuvre pratique est proposée dans le langage MATLAB qui présente l'avantage d'être d'une utilisation aisée et de bénéficier d'une large diffusion.

Références

[1] F. Gustafsson & N. Bergman, “MATLAB for engineers explained”; Springer-Verlag, 2003.

[2] M. Mokhtari & A. Mesbah, “Apprendre à maîtriser MATLAB”; Springer-Verlag, 1997.

[3] K. Sigmon, “MATLAB Aide-Mémoire”; Springer-Verlag, 1999.

[4] D. Salomon, “Curves and Surfaces for Computer Graphics”; Springer-Verlag, 2006.

[5] W. Gander & J. Hˇrebicˇek, “Solving problems in scientific computing using Maple and MATLAB, Springer-Verlag, 4ed, 2004.

[6] A. Biran & M. Breiner, “MATLAB for engineers”; éditions Wesley, 1999.

[7] S. R. Otto & J.P. Denier; “An Introduction to Programming and Numerical Methods in MATLAB”; Springer-Verlag London, 2005.

[8] K. Chen, P. Giblin & A. Irving, “Mathematical explorations with MATLAB”; Cambrige University Press, 1999.

[9] H. B. Wilson, L. H. Turcotte & D. Halpern, “Advanced mathematics and mechanics applications using MATLAB”; Chapman and Hall, 2003.

[10] J. Kiusalaas; “Numerical Methods in Engineering with MATLAB”; Cambridge University, 2005.

[11] W. Y. Yang, W. Cao, T. Chung & J. Morris; “Applied numerical methods using MATLAB”; John Wiley publication, 2005.

[12] S. T. Karris; “Numerical Analysis Using MATLAB and Excel”; Third Edition, Orchard Publications, 2007.

[13] J. L. Merrien, “Analyse Numérique Avec MATLAB”; Dunod, Paris, 2007.

[14] M. Sibony, “Ananlyse numérique III : Itérations et approximations”; éditions Herman, 1988.

[15] A. Fortin, “Analyse numérique pour ingénieurs”; l’École Polytechnique de Montréal, 1995.

[16] M. Sibony & J. Cl. Mardon, “Ananlyse numérique I : Systèmes linéaires et non linéaires”; éditions Herman, 1982.

[17] P. Lascaux & R. Theodor, “Ananlyse numérique matricielle appliquée à l'art de l'ingénieur : Méthodes directes”; Tome 1 ; éditions Masson, 2ème édition, 1993.

[18] J. Cooper, “MATLAB companion for multivariable calculus (a)”; Academic Press, 2001.

[19] C. B. Moler, "Numerical computing with MATLAB"; SIAM, 2004.

[20] A. Quarteroni, R. Sacco & F. Saleri, "Méthodes numériques pour le calcul scientifique : Programmes en MATLAB"; Springer-Verlag, 2006.

[21] J. Bastien, "Introduction à l'analyse numérique : Applications sous MATLAB"; éditions Dunod, 2003.

[22] A. Kharab & R. B. Guenther, "Introduction to numerical methods (a): a MATLAB approach"; Chapman and Hall, 2002.

[23] J. Baranger, "Introduction à l'analyse numérique"; éditions Herman, 1993.

[24] F. Jerdrzejewski, "Introduction aux méthodes numériques"; Springer-Verlag, 2001.

[25] E. Süli & D. Mayers, "An Introduction to Numerical Analysis"; Cambridge University, 2003.

[26] A. Ralston & P. Rabinowitz, "A first course in Numerical Analysis"; éditions Presses Universitaires de Grenoble, 1991.

[27] A. Quarteroni, R. Sacco & F. Saleri, "Méthodes Numériques Algorithmes, analyse et applications"; Springer-Verlag Italia, Milano 2007.

[28] L. Jolivet & R. Labbas, "Analyse et analyse numérique : rappel de cours et exercices corrigés"; Hermès Science, 2005.

[29] A. Gourdin & M. Boumahrat, "Méthodes numériques appliquées"; éditions Techniques et Documentations Lavoisier, 1989.

[30] J.P. Nougier, "Méthodes de calcul numérique"; éditions Masson, 3ème édition, 1993.

[31] J. P. Demailly, "Analyse Numérique et Equations Différentielles"; Collection Grenoble Sciences, 2006.

[32] P. Lascaux & R. Theodor, "Ananlyse numérique matricielle appliquée à l'art de l'ingénieur : Méthodes directes"; Tome 2 ; éditions Masson, 2ème édition, 1994.

[33] P. Deuflhard & A. Hohmann, "Numerical Analysis in Modern Scientific Computing, An Introduction";Springer-Verlag, 2003, 2e édition.

[34] J.-G. Dion & R. Gaudet, "Méthodes d'analyse numérique, de la théorie à l'application"; Modulo, 1996.

Printed by Books on Demand GmbH, Norderstedt / Germany